贝尔探险智慧书

QU YUANZHENG
去远征

[英]贝尔·格里尔斯 著 杨朝旭 译

接力出版社
Publishing House

自序

　　我们生活在一颗非常神奇的星球之上，这里有很多值得一看的风景。我从小就很喜欢到野外去，因此，能够有机会到一些奇妙之地去探险，这实在是我的一大幸运。我所到过的地方往往都非常偏远，在我之前，来此探索过的也不过是寥寥数人而已。那些前辈探险家走进世界一处处蛮荒、遥远之地，也为我这样的后世探险家开辟了道路。

　　如果你想要去荒野探险，那么准备工作是非常重要的。如果是比较大的探险项目，我会准备一个月之久。这样才能保证我有足够的能力保证自己的安全。

　　在探险过程中，我有很多与地球上最不可思议的生物面对面的机会。可悲的是，现在这些生物中有相当一部分正面临着生存危机，所以我们必须要尽快采取措施来保护它们。

　　探险是一种非常奇妙的经历，同时它也令我生出了很大的责任感。人类是这个地球上最具破坏力的动物，我们正在破坏热带雨林，令其他动物陷入越来越危险的境地。如果我们希望种种伟大的探险能够一直持续下去的话，就必须善待我们的地球。不要破坏大自然，尽可能地对大自然多些敬畏和尊重。

目 录
· Contents ·

1845年，英国皇家海军少将约翰·富兰克林率领由两艘军舰组成的探险队在探索北冰洋西北航道时全军覆没。为了筹措一笔善款，贝尔和另外五位伙伴计划乘着一艘小型硬壳充气艇挑战这条航线。他们能够成功完成壮举吗？贝尔和队员们在荒岛上宿营时发现了什么遗迹？他们在海上收到的求救信号是谁发出的？

第一支到达南极点的探险队——这一荣誉让阿蒙森和斯科特展开了竞争。大本营建在哪里，吃什么食物，选什么路线，派出多少队员，怎样运输物资，是否要采集岩石标本……两支探险队不同的抉择，带来了生与死的区别。斯科特为什么不愿意用狗拉雪橇？胜利者是哪支队伍？斯科特能够顺利返回吗？

刘易斯和克拉克 | 向西、向西，直到太平洋东岸

1803年，美国以1500万美元的价格从法国手里买下了北美洲中部一大块土地。该地区没有道路，也根本没有人能够准确说出它到底有多大，其中又有些什么。刘易斯和克拉克接受杰斐逊总统的指派，率领探险队踏上发现之旅，他们跨过大平原，翻越落基山脉，穿过一个又一个印第安原住民聚居区。他们能顺利抵达太平洋沿岸吗？他们如何获得印第安原住民的帮助？这支探险队能平安返回吗？

为美国西部绘制地图

　　1801年，托马斯·杰斐逊（Thomas Jefferson）当选了美国总统。当时美国版图的最西端只到密西西比河，密西西比河西岸是一片从未测绘过的地区，那里居住着几百个不同的原住民部落。1803年，杰斐逊总统通过路易斯安那购地案从法国人手里买下了很大的一片土地。他决定派出一支探险队去穿越并勘察这块土地。这支探险队是带着四个目的出发的：第一，找到一条通往太平洋的商贸路线；第二，保护美国利益不受西班牙、法国和英国的"土地声索"的侵犯；第三，与分散于各地的美国国民加强联系；第四，绘制地图，尽可能多地了解新领土的情况。杰斐逊总统挑选了他的私人秘书梅里韦瑟·刘易斯（Meriwether Lewis）来率领这支探险队。刘易斯又邀请其好友威廉·克拉克（William Clark）加入进来。

　　1804年5月21日，刘易斯和克拉克率领探险队，乘坐着特别设计的龙骨船从密西西比河的圣查尔斯起航。

虽说早有西班牙、俄罗斯和英国的航海家以及毛皮猎人到达过太平洋沿岸，但在刘易斯和克拉克的探险活动之前，北美的西部内陆仍是一片未经欧洲移民探索的地域。

哈得孙湾

太平洋

落基山脉

密西西比河

密苏里河

阿巴拉契亚山脉

大西洋

墨西哥湾

图例

- ┄┄► 雅克·卡蒂埃（Jacques Cartier），1534—1542年
- ──► 埃尔南多·德索托（Hernando de Soto），1539—1543年
- ╌╌► 弗朗西斯科·巴斯克斯·德科罗纳多（Francisco Vázquez de Coronado），1540—1542年
- ──► 萨米埃尔·德尚普兰（Samuel de Champlain），1609—1616年
- ──► 亨利·哈得孙（Henry Hudson），1610—1611年
- ──► 路易·若列（Louis Jolliet）和雅克·马凯特（Jacques Marquette），1672—1673年
- ●●●► 勒内－罗贝尔·卡弗利耶（René-Robert Cavelier），1679—1682年
- ──► 皮埃尔·戈尔捷·德瓦雷纳（Pierre Gaultier de Varennes），1738—1740年
- ──► 塞缪尔·赫恩（Samuel Hearne），1770—1772年
- ╌╌► 亚历山大·马更些（Alexander Mackenzie），1789年，1792—1793年

路易斯安那购地案地区

1803年，杰斐逊总统从法国人手里以1500万美元的价格买下了这一地区，使得美国的领土面积扩大了一倍。该地区没有道路，因此根本没有人能够准确说出它到底有多大，其中又有些什么。寻找上述问题的答案，正是刘易斯和克拉克此行的任务之一。

这次探险的一些相关数据	
探险队的官方成员	约30人
在不同地点自行加入的人员	约20人
探险时长	2年零4个月
探险路程长度	17098千米
死亡人数	1人

俄勒冈地区（西班牙、英国和美国都宣称属于自己）

英 国 属 地

印 第 安 领 地

路 易 斯 安 那
购 地 案 地 区

西 班 牙 属 地

密 西 西 比
领 地

东佛罗里达
（西班牙）

西佛罗里达
（西班牙）

图例

▨	路易斯安那购地案地区
■	美国各州
■	美国属地
□	其他国家的属地
▨	争议地区

人 贝尔的话

北美原住民已在这片土地上生活了几千年，他们知道如何在荒野上生存下去。但对于欧洲移民而言，美国西部的广大地区是未知的、危险的。

梅里韦瑟·刘易斯

威廉·克拉克

探险团队

这支探险队由约30人组成，其中包括政府人员、士兵、法国船员、一名厨师和几名翻译。

水上旅程

他们走的绝大部分路程是水路，因此他们需要很多不同类型的船只，以适应不同的河流情况。最主要的1条龙骨船是由刘易斯设计的。探险队还使用了3条又长又窄的木船、16条小独木舟和至少5条美洲印第安独木舟，另有若干条皮筏和木筏随行。

他们带了一条名为"海员"的纽芬兰犬，用来帮他们打猎和看护营帐。"海员"完成了探险，活了下来。

充足的装备

探险队携带了超过11吨的物资，包括50桶火腿、30桶面粉、270千克的动物油，另有武器、毛毯、药品、导航仪器、书籍、纸张、墨水和给当地原住民准备的礼物，比如渔网、镜子、珠宝、串珠等。另外，每人还自带一份个人装备，包含简易工具、一把刀、一把斧头以及生火用的打火石和火绒。

探险队原计划在夏末抵达落基山脉。即使是在夏末，这里仍然很寒冷，海拔高的地方还会有降雪。

美国西部地区的野生动植物的数量和品种之多让探险队员们深感震惊。而且，很多动植物还是他们从未见过的新品种。他们一共找到了 122 种新动物和 178 种新植物，都是欧洲人之前从未发现过的。

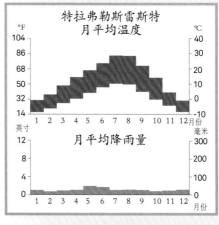

西行之路

刘易斯打算沿密苏里河一路北上，然后再向西行进，希望能够找到一条通向太平洋的水路。如果成功，美国就可以通过水路与亚洲进行贸易了。密苏里河发源于落基山脉，水量巨大，河流湍急，河中漂流着原木和树枝，加上河岸不够牢固和藏在河中的浅滩，都让旅行充满了危险。虽然船员们已经十分努力地划船了，但一天也只能前进几千米。

北美洲大平原北部，冬天极度寒冷，降雪量巨大。探险队刚刚到达曼丹人聚居地区，密苏里河便结冰了。探险队员们只得依靠他们的求生技能存活下去。

布莱克富特人

格罗旺特人

弗拉特黑德人
刘易斯路线

科达伦人

内兹珀斯人

特拉弗勒斯雷斯特（蒙大拿洛洛）

莱姆哈伊山口

北肖肖尼人

克拉克路线

玛丽亚斯河

大瀑布

密苏里断崖

阿西尼博因人

庞佩柱

克罗人

蒂顿人

阿里卡拉人

曼丹堡
（1804年冬至1805年）

曼丹人和希多特萨人
扬克顿乃人

庞卡人

扬克顿人

奥马哈人

奥托人

堪萨人

密苏里人

艾奥瓦人

伊利诺伊人

圣查尔斯

伍德里弗
圣路易斯
拉沙雷特

欧塞奇人

这幅地图上标出了这次探险的路线和途经的印第安原住民居住地。

图例

—— 去程路线：1804年5月到1805年11月

---- 返程路线：1806年3月到1806年9月

克罗人 印第安原住民居住地

大平原

　　大平原位于密西西比河以西、落基山脉以东，覆盖着草场和草原。大平原上的大风和降雨将大量泥沙带进密苏里河下游河道，令船只航行变得十分困难。

密苏里河上游

　　在密苏里河上游地区，土壤干旱，植被稀少，地表凹凸不平。陡峭的斜坡、松散干燥的土壤以及厚厚的沙土紧邻着密苏里河。从刘易斯和克拉克第一次见到它至今，这样的景观几乎没有一丝一毫的改变。

3 落基山脉

　　在这次探险行动之前，人们对落基山脉的了解几乎为零。面对落基山脉的无数陡坡和高峰，以及它们终年被积雪覆盖的奇景，刘易斯和克拉克深受震撼。落基山脉的东部山峰相对低矮些，山势也更平缓。

4 太平洋海岸

　　美国航海家罗伯特·格雷（Robert Gray）于1792年在北太平洋沿岸进行探索时发现了哥伦比亚河的入海口。英国、法国和俄国的商人也活跃于太平洋海岸上，但却从未有人从这里上岸，对内陆进行探索。

　　3月，河里的冰开始消融，探险队离开了曼丹堡。龙骨船返回东部，六条崭新的独木舟和两艘木船则继续深入西部。探险队经过了一片片野牛成群的无树平原，平原上还耸立着一个个巨大的断崖，这些断崖就是今天所称的"密苏里断崖"。刘易斯曾形容说，这里"美丽极了"。

穿越大平原

　　1804年的春、夏、秋三季，探险队逆密苏里河而上，大部分队员都要负责划船或拉纤，剩下的人则要捕猎鹿、鸭子或鹅作为队伍的食物。在绝大多数时候，刘易斯都是带着他的纽芬兰犬"海员"沿着河岸徒步前进，一边观察周围的飞禽走兽，一边做些笔记，以便他日后绘制地图时使用。8月份的时候，探险队员查尔斯·弗洛伊德（Charles Floyd）中士因病去世了。他被埋葬在了密苏里河边。为了纪念他，他下葬地附近的那条支流即被命名为弗洛伊德河。探险队继续北上，穿过了多个北美印第安人（包括扬克顿人、阿里卡拉人和苏族的蒂顿人等）的居住地。随着天气渐渐转冷，他们决定暂时在曼丹人的居住地驻扎下来，并且建起一座堡垒来过冬。

曼丹人住在巨大的木架土屋里，一个土屋能住20多个人。曼丹人依靠种地和捕猎野牛为生。他们对探险队十分友好，欢迎探险队员们住下。曼丹人的村子也是一个大市场，其他的印第安部族以及英国、法国的商人们常会来此交易，因此，曼丹人已经习惯了外人的到访。

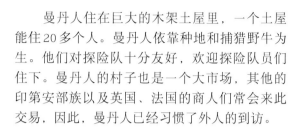

贝尔的话

随着探险队一路西行，他们开始越来越频繁地遭遇北美灰熊。这种灰熊是队员们以前从未见过的。刘易斯曾被一头体重超过136千克的北美灰熊追赶了70多米。

刘易斯和克拉克在曼丹堡雇用了一个法裔加拿大人做向导，此人名叫图桑·沙博诺（Toussaint Charbonneau）。之所以会雇他，主要是因为他怀有身孕的妻子萨卡加维亚（Sacagawea）是一个来自落基山区的肖肖尼人。刘易斯深知，她一定会对探险有所帮助。

卡努营地
（1805年9月26
日—10月7日）

内兹珀斯村落
（1805年9月
20—22日）

肖潘尼营地
（1806年5月14
日—6月10日）

落 基

图例

—— 去程路线
---- 返程路线

这张地图显示了探险队翻越落基山脉的路线。

翻过落基山脉

　　湍急的河水和狂风令探险队的前进速度变得非常慢。队员们掩埋了一些装备，以备在回去的路上使用，这也给他们的船只减轻了一些负担。但到了6月中旬，他们遇到了一系列巨大的瀑布——这就是今天我们所称的"大瀑布"（位于美国蒙大拿州），还遇到几场暴风雨，耽误了大约一个月的时间。然后，他们便进入了一片山区，这里的山比他们之前所见到的山都要高大得多，这便是落基山脉。在今天被称为斯里福克斯的地方，有三条河在此交汇，形成密苏里河。他们选择了杰斐逊河，一路向西，但很快便意识到，要想翻越落基山脉，必须得有马匹和对当地的充分了解。他们知道肖肖尼部落的原住民可以为他们提供帮助，只可惜无法找到这些原住民。8月13日，在萨卡加维亚的帮助下，刘易斯找到了一队肖肖尼战士，获得了马匹和向导，这才得以继续翻越落基山脉。

刘易斯和克拉克山口
（1806年7月7日）

大瀑布
（1805年7
月13日）

山门
（1805年
7月10日）

刘易斯路线

特拉弗勒斯雷斯特
（1805年9月9—11日；
1806年6月30日—7月3日）

脉

山

斯里福克斯
（1805年7月27日）

罗斯洞
（1805年9月4日）

克拉克路线

莱姆哈伊山口
（1805年8月12日）

比弗黑德岩
（1805年8月7日）

肖肖尼村落
（1805年8月13日）

过了斯里福克斯之后，探险队便一路沿杰斐逊河前进，但没有发现肖肖尼人的踪迹。8月7日，萨卡加维亚认出了一座山，这就是今天所称的"比弗黑德岩"，这说明他们已进入了肖肖尼人的领地。

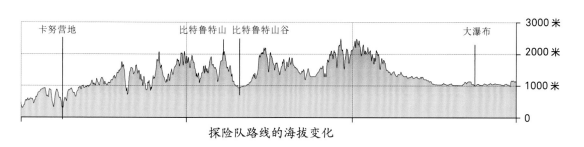

卡努营地　　　比特鲁特山　比特鲁特山谷　　　　　　　大瀑布

3000米

2000米

1000米

0

探险队路线的海拔变化

从大瀑布一路向西，探险队沿着杰斐逊河，绕过了最高的几座山峰，穿过莱姆哈伊山口，再北上到达了比特鲁特山谷。但是，从特拉弗勒斯雷斯特开始，他们就得爬崎岖的比特鲁特山了。

大瀑布

多个大瀑布令探险队员们无法再乘船逆流而上了。于是他们只好拖着船只，扛着超过907千克的装备、食物以及其他物资绕过瀑布。

莱姆哈伊山口

刘易斯在莱姆哈伊山口看到"西边仍有无数的山脉"，而非他手里的地图描绘的那样只有一座山脉。

③ 失散多年的兄弟

肖肖尼人以游牧为生，会在打猎和采集食物的过程中不停地迁徙。当探险队找到他们时，他们疑虑重重。所幸萨卡加维亚认出了这个肖肖尼部落的首领是她失散的兄弟，这些肖肖尼人立刻向探险队提供了帮助。

④ 比特鲁特山

探险队从特拉弗勒斯雷斯特出发后，在比特鲁特山爬了整整11天，他们精疲力尽、人困马乏。有些时候，当探险队员在帐篷中醒来时，会发现盖在身上的毯子上落满了雪。

顺流而下，直达海滨

　　走出比特鲁特山之后，探险队员们遇到了内兹珀斯人。作为北美印第安人的一个族群，他们不仅给探险队员们提供了食物，还协助他们绘制地图，帮他们制作了新的独木舟。接下来，探险队便顺着水流湍急的克利尔沃特河、斯内克河和哥伦比亚河行进。在岩石密布的河段，他们弃舟步行，遇到瀑布，就用绳索将船只降下去，还时不时地停下来与原住民进行贸易。路上的景观从贫瘠荒芜的高原变成了葱茏茂密的森林。一天，他们意识到哥伦比亚河的河面正随着海洋的潮汐涨落而上下变化，还听到了海浪的声音。狂风暴雨和河面上漂流的树木让他们又在哥伦比亚河上被困了五天。11月18日，刘易斯出去侦察，竟第一次看到了太平洋！他激动不已，把自己的名字刻在了一棵树上以示纪念。

喀斯喀特山脉被哥伦比亚河深深劈开，河边的悬崖峭壁高出河面1200米。

河流的馈赠

哥伦比亚河鱼类——尤其是鲑鱼和鳟鱼——数量的巨大让刘易斯和克拉克感到震惊。当地原住民会从哥伦比亚河里大量捕捞这两种鱼。还有一种名叫太平洋细齿鲑的鱼不仅可以食用（用刘易斯的话说，"它比我所吃过的任何一种鱼都好吃"），还可以被风干后附上一根灯芯当蜡烛用。直到今日，在这条河边居住的原住民仍在用和那时相同的方式捕鱼。

贝尔的话

克拉克写道，探险队员们急切地对太平洋沿岸进行探索，此时到达了海边的他们"对自己的探险过程十分满意，被眼前巨浪冲刷岩石的景象深深吸引住了"。

过冬

探险队在哥伦比亚河南岸建了一个堡垒般的营地用来过冬。营地的外形和下图中的建筑十分相似。探险队员们在平安夜搬进堡垒，并且在此驻扎了三个月之久。在这段时间里，他们打猎、捕鱼，修理独木舟和其他装备。

刘易斯在 1806 年 7 月 7 日穿过这条位于落基山脉东侧的山谷，现被称作"刘易斯和克拉克山口"。

死里逃生

1806 年 3 月底，探险队离开了克拉特索普堡，此时，很多人都以为这支探险队已经全军覆没了。探险队员们一边为终于摆脱了海岸线一带终日阴雨的恶劣天气而开心，一边缓慢地沿哥伦比亚河逆流而上。此时还不到捕捞鲑鱼的季节，其他食物也很少，他们遇到的许多印第安原住民都快要饿死了。到了 5 月，他们想要翻过比特鲁特山，但山上大风吹成的一个个大雪堆迫使他们原路返回了。又过了几个星期，三位原住民向导帮助他们翻过了山。随后，刘易斯和克拉克决定兵分两路。路易斯北上去考察玛丽亚斯河，而克拉克则沿黄石河前进。8 月 12 日，他们会合了，又一起顺河流而下，9 月 23 日到达了圣路易斯，受到了当地民众的热烈欢迎。从出发到返回，他们的探索之旅一共历时两年半之久。

第一次流血事件

1806年7月26日，在玛丽亚斯河附近，刘易斯和他的队员与八个布莱克富特人狭路相逢了。布莱克富特人是对探险队十分友好的肖肖尼人和内兹珀斯人的敌人。次日凌晨，有几个布莱克富特人企图偷探险队的马匹和枪支，于是一名探险队员刺死了一个布莱克富特人，刘易斯则一枪正中另一个布莱克富特人的胸口。这是探险队在整个旅途中唯一一次与北美原住民发生的冲突。

克拉克从这里经过

探险队兵分两路前进时，克拉克的队伍里有十个男人，外加萨卡加维亚和她十七个月大的儿子，这个孩子的小名叫庞佩。他们沿黄石河岸边行进时路过下图这块大岩石，克拉克把自己的名字刻到了岩石上，并将其命名为"庞佩塔"，以表达对这个孩子的喜爱（如今这块岩石被称为"庞佩柱"）。后来他们回到圣路易斯之后，克拉克为庞佩支付了受教育的费用。

上图是位于弗吉尼亚州夏洛茨维尔的刘易斯和克拉克的纪念雕像。左图是庞佩柱，上面有克拉克刻下的文字。

利文斯通和斯坦利 | 探索非洲之心，寻找尼罗河之源

利文斯通是第一位横穿非洲中部内陆探索非洲两侧海岸线的欧洲人，被英国人视为民族英雄。他和非洲当地的部族首领成了好朋友，反对奴隶贸易。1867年，利文斯通失踪了。斯坦利前往非洲寻找利文斯通，两位英国探险家见面时，为什么打出的是美国国旗？他们谁能找到尼罗河之源？

深入非洲的心脏地区

到19世纪早期，欧洲人已经探索并绘制了非洲的海岸线，并开始将非洲海岸作为殖民地，但大部分非洲内陆却仍未被欧洲人探索或是绘制地图……对欧洲人来说，非洲内陆充满了未知和危险。有两个人付出了巨大的努力，试图改变上述情况，他们是戴维·利文斯通（David Livingstone）和亨利·莫顿·斯坦利（Henry Morton Stanley）。利文斯通是以传教士的身份进入非洲的，后来成为第一位横穿非洲中部内陆探索非洲东西两侧海岸线的欧洲人。他和非洲当地的部族首领成了好朋友，反对奴隶贸易。1867年，利文斯通失踪后，斯坦利前往非洲寻找利文斯通，后来斯坦利继续探索广袤的非洲中部地区。1871年，利文斯通和斯坦利在坦噶尼喀湖附近相遇了，这可能是探险史上最著名的一次相遇了。

戴维·利文斯通

亨利·莫顿·斯坦利

贝尔的话

　　1844年，利文斯通遭遇一头狮子的袭击，所幸他的非洲朋友麦保维（Mebalwe）和一群原住民救出了他。后来，利文斯通虽然康复了，但一条手臂却落下残疾。

🧭 传教士和记者

　　利文斯通出身穷困，他年幼时必须白天工作，晚上去夜校读书。他受到了医生和传教士的职业培训，1841年到非洲工作。斯坦利则是一个私生子，在济贫院里接受教育，于1858年离开英国前往美国。斯坦利曾参加过美国内战，战后成为一名记者。

一个危险的地方

　　绝大部分早期的欧洲探险队都只在非洲大陆的北部活动，即便到了19世纪中叶，非洲中部的内陆地区也几乎未被欧洲探险者涉足过。非洲中部充满了危险，那里有可怕的动物、危险的沼泽和茂密的森林，更有疟疾等致命的传染性疾病流行。

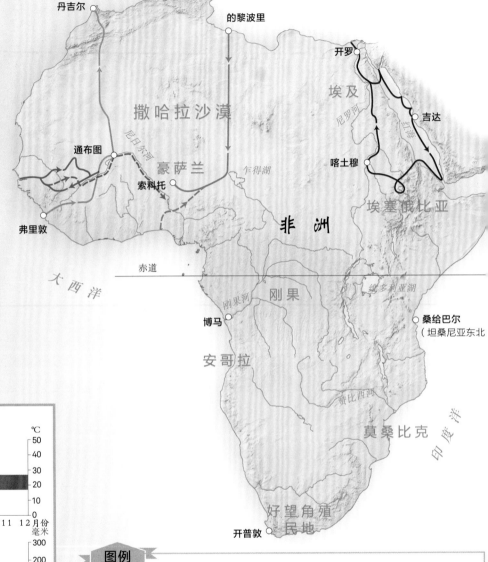

撒哈拉沙漠

丹吉尔

的黎波里

开罗

埃及

尼罗河

吉达

喀土穆

通布图

尼日尔河

豪萨兰

乍得湖

索科托

埃塞俄比亚

弗里敦

非　洲

赤道

大　西　洋

刚果河

刚果

维多利亚湖

博马

桑给巴尔
（坦桑尼亚东北）

赞比西河

安哥拉

莫桑比克

印　度　洋

好望角殖民地

开普敦

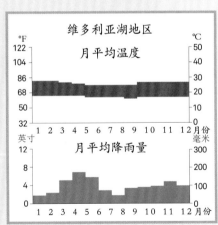

维多利亚湖地区
月平均温度

月平均降雨量

　　非洲中部的气候湿热。欧洲探险家们发现，这种天气非常容易令人感到疲惫。

图例

——→ 詹姆斯·布鲁斯（James Bruce），1768—1773年

——→ 芒戈·帕克（Mungo Park），1795—1796年

- - -→ 芒戈·帕克，1805—1806年

——→ 休·克拉珀顿（Hugh Clapperton）、沃尔特·奥德尼（Walter Oudney）和狄克逊·德纳姆（Dixon Denham），1822—1825年

- - -→ 休·克拉珀顿和理查德·兰德（Richard Lander），1825—1827年

——→ 勒内·卡耶（René Caillié），1827—1828年

苏格兰探险家芒戈·帕克（1771—1806）在西北非旅行时，经常罹患重病。尽管如此，他仍然十分详细地对这一地区进行了描绘和记录。不幸的是，在第二次探险途中，他因乘坐的独木舟遭到袭击而溺水身亡。

高度警惕的非洲人民

跨大西洋奴隶贸易和欧洲移民建立定居点给非洲带来了巨大的动荡和冲突。因此，非洲内陆的原住民戒备心很强。每当有陌生人闯入他们的领地时，他们便会立刻自卫。

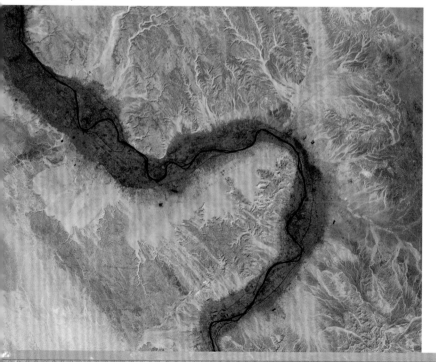

神秘的尼罗河

作为世界第二长河，尼罗河从非洲中部的内陆地区一直流到北非的埃及。其源头的位置十分神秘，这引起了古希腊、古罗马的地理学家和早期欧洲探险者的兴趣。这些人中包括苏格兰探险家詹姆斯·布鲁斯，他于1768年至1773年间探索过尼罗河流域。

1855年，利文斯通成为第一个亲眼看到维多利亚瀑布的欧洲人。在这里，赞比西河水从悬崖上一跃而下，进入狭窄的峡谷中。

当地人称维多利亚瀑布为"莫西奥图尼亚"，意为"有雷鸣声的烟雾"。但利文斯通将这条瀑布重新命名为"维多利亚瀑布"，来向当时的英国君主维多利亚女王致敬。

民族英雄

1841年，利文斯通开始在非洲南部开展传教工作。他与玛丽·莫法特（Mary Moffat）结婚后，夫妇二人从开普敦出发北上去寻找新的传教点。利文斯通夫妇和他们的子女发现了恩加米湖，穿越了卡拉哈迪沙漠，最后在赞比西河上游安顿下来。后来利文斯通把家小送回了英格兰，自己则从西到东横穿非洲大陆，在途中还探查了维多利亚瀑布。1856年，他回到了英国，被人们视为民族英雄。他的旅行报告成了畅销书，他也做过多次演讲。他于1858年获得资助返回非洲，试图寻找一条经由赞比西河通向内陆的贸易路线，但这次尝试失败了。尽管如此，利文斯通1864年返回英国后，英国皇家地理学会和英国政府又给了他一笔经费，让他去寻找尼罗河的发源地。

奴隶贸易

利文斯通深入到了其他欧洲探险家从未涉足过的非洲内陆地区，目睹了奴隶贸易的恶果，并将其揭露出来：被捕获的非洲原住民被迫戴上铁链和枷锁，排成行列，走向贩卖市场；村庄里空无一人，路上死尸横陈，无人掩埋。他深信，要想逐步消灭奴隶贸易，就必须在非洲发展起合法的其他贸易形式。

决心与尊重

利文斯通的早期探险十分成功，部分原因正是他对非洲人民的尊重。他学习他们的语言和文化，并且雇用他们与欧洲人一起工作。他极少随身携带武器，并且小心谨慎，即便受到冒犯也不会做出过度反应。他是一位熟练的领航员，同时也是一个坚韧不拔、意志坚定的人。

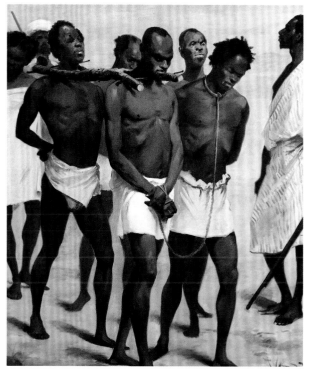

赞比西河探险

1858年的赞比西河探险，其目的是为英国商贸船队寻找合适的内河航运路线。利文斯通乘坐一艘名叫"玛·罗伯特号"的蒸汽船出发了，但却发现赞比西河、希雷河、鲁伍马河有很多急滩，无法行船。1861年，玛丽赶来陪伴丈夫，次年，她因疟疾不幸去世，这令利文斯通一度心碎神伤。1864年，政府召回了这支探险队，利文斯通返回了英国。

寻找尼罗河之源

　　到了19世纪中叶，寻找尼罗河的源头成为一些英国探险家的目标。这些探险家包括约翰·汉宁·斯皮克（John Hanning Speke）、理查德·伯顿（Richard Burton）、塞缪尔·贝克（Samuel Baker）和他的妻子弗洛伦丝（Florence）。1858年，斯皮克抵达了维多利亚湖，当时他认为这就是尼罗河的源头，但同行的伯顿却不同意斯皮克的观点。利文斯通有自己的看法，他于1866年4月出发去寻找尼罗河的源头，但很快就遇到麻烦，和外界失去了联系。后来，在1875年，斯坦利向世人证明，当年斯皮克的发现是最接近真实的源头的。

　　在中非地区，最令人震撼的地理景观当属东非大裂谷。它位于非洲大陆的东部，是一条长达6500千米的地表断裂带。东非大裂谷的东西两支群山耸立，这些山峰中有很多相当高，虽然位置靠近赤道地区，山顶却终年覆盖着积雪。

构造板块向相反方向拉伸

应力在地壳上造成裂缝

裂缝之间的地壳沉降，形成了山谷、悬崖和其他地貌形态

　　千百万年来，非洲的两个构造板块一直在向相反的方向运动，这导致地壳被拉伸，断裂带不断扩大。断裂带上的土地也不断下沉，形成了大裂谷。

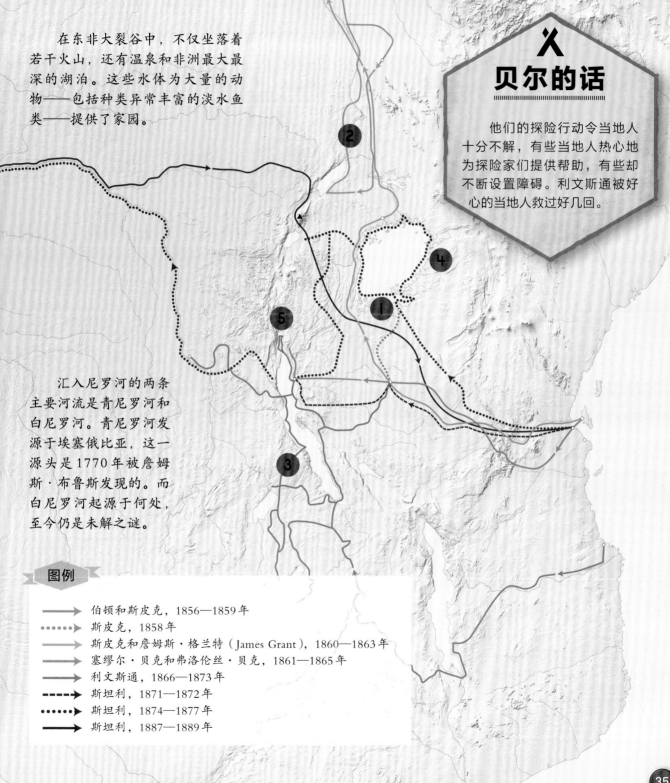

在东非大裂谷中，不仅坐落着若干火山，还有温泉和非洲最大最深的湖泊。这些水体为大量的动物——包括种类异常丰富的淡水鱼类——提供了家园。

贝尔的话

他们的探险行动令当地人十分不解，有些当地人热心地为探险家们提供帮助，有些却不断设置障碍。利文斯通被好心的当地人救过好几回。

汇入尼罗河的两条主要河流是青尼罗河和白尼罗河。青尼罗河发源于埃塞俄比亚，这一源头是 1770 年被詹姆斯·布鲁斯发现的。而白尼罗河起源于何处，至今仍是未解之谜。

图例

→ 伯顿和斯皮克，1856—1859 年

···▶ 斯皮克，1858 年

→ 斯皮克和詹姆斯·格兰特（James Grant），1860—1863 年

→ 塞缪尔·贝克和弗洛伦丝·贝克，1861—1865 年

→ 利文斯通，1866—1873 年

---▶ 斯坦利，1871—1872 年

●●●▶ 斯坦利，1874—1877 年

→ 斯坦利，1887—1889 年

斯皮克的观点

伯顿和斯皮克于1856年出发去探索非洲东部的湖泊并寻找尼罗河的源头。后来伯顿病倒了，斯皮克继续北上，于1858年发现了维多利亚湖并为其命名，又宣布这个湖就是尼罗河的源头。斯皮克的观点令伯顿十分恼怒，他激烈反驳斯皮克。1862年，斯皮克重返维多利亚湖，看到了尼罗河从维多利亚湖北端的里彭瀑布源源不断流出的情形。斯皮克尚未来得及进一步证明他的理论，便于1864年去世。

沿河而行

塞缪尔·贝克和弗洛伦丝·贝克夫妇二人花了四年时间（1861—1864年），从开罗沿尼罗河逆流而上。一路上他们克服了重重困难——疾病、难以行走的地理环境以及故意阻拦的当地部族首领等——终于到达了艾伯特湖和距此不远的卡巴雷加瀑布。卡巴雷加瀑布是位于狭窄山谷里的一道气势惊人的瀑布。此时他们仍距离尼罗河在维多利亚湖中的流出口有500千米远，但他们已无法再往前走了。

关于尼罗河的一些数据	
全长	6671千米
最宽的地方	8千米
比海平面高出（在源头）	2700米（在卢旺达的纽格威雨林）
流域面积	287.5万平方千米（相当于非洲大陆面积的约十分之一）
支流	白尼罗河：3700千米长，提供尼罗河15%的水量。青尼罗河：1600千米长，提供尼罗河85%的水量

利文斯通迷路了

1866年，利文斯通重返非洲，部分原因是要解决斯皮克与伯顿各自的支持者之间持续不断的争论。利文斯通相信尼罗河的源头应位于更靠南的地区，所以他便顺着鲁伍马河一路深入内陆地区。但不久他的非洲搬运工开了小差，他的物资被偷了，他也生病了。尽管如此，他还是坚持前行，却做出了错误的判断，误以为卢阿拉巴河是尼罗河的源头。

斯坦利的定论

后来，斯坦利找到了利文斯通，并率领探险队穿过了非洲的中心地区。在1874—1877年沿刚果河的探险中，斯坦利考察了维多利亚湖的北岸，并证实尼罗河是从维多利亚湖的里彭瀑布流出的。然后他又发现了另一个事实，即卢阿拉巴河并不注入尼罗河，而是注入刚果河。但是他无法判断哪条河为维多利亚湖提供了水源。

尼罗河真正的源头

现代调查发现，维多利亚湖是由多条河流提供水源的，绝大多数河流由湖的西岸流入。最近的一些探险，尤其是2005年南非探险队和2006年英国—新西兰联合探险队，都将尼罗河的源头追溯到了卢卡拉拉（Rukarara）河。卢卡拉拉河发源于卢旺达纽格威雨林的深处。

寻找利文斯通

到了1867年，外界就再也听不到任何关于利文斯通的消息了，因此越来越多的人呼吁组织探险队去寻找他。官方也派出了搜救人马。1869年，美国报纸《纽约先驱报》的老板戈登·本内特（Gordon Bennett）邀请斯坦利去寻找利文斯通。1871年3月，斯坦利率领着一支由200多人组成的队伍从非洲东海岸出发了。他们一路上遭遇了疾病、战争、搬运工的反叛和鳄鱼的袭击，终于在10月进入了坦桑尼亚的乌吉吉——此处是坦噶尼喀湖岸边的一个贸易点，也是在这里，他们找到了失踪的探险家利文斯通。

英国皇家地理学会在1868—1872年间，派出了很多支搜救利文斯通（右上图）的队伍。其中第二支搜救队（下图）中还包括利文斯通的儿子奥斯韦尔（Oswell）。虽然他们并未找到利文斯通，但却带回了他应该还活着的好消息。

🧭 斯坦利的使命

尽管斯坦利提醒戈登·本内特说，组织一次探险的费用不菲，本内特却回答他："你需要花多少钱就尽管花！""一定要把利文斯通找到并带回来，不论死活！"1871年1月，斯坦利抵达了桑给巴尔。在这里，他先雇用了近200名搬运工和保镖，又买了驴、马、船、帐篷、枪支和其他装备、物品。

在乌吉吉的相遇

斯坦利一到乌吉吉，利文斯通的人便去通报说有陌生人来了。斯坦利穿过拥挤的人群，走到一位白人老者面前。这时，斯坦利的一个随从拿出了一面巨大的美国国旗。斯坦利看到这位白人老者面色十分苍白疲惫，衣帽都已破旧褪色了。斯坦利走上前去，脱帽致敬道："我想，您就是利文斯通博士吧？"说罢，两人紧紧握手，一起露出了笑容。

贝尔的话

寻找利文斯通是斯坦利的第一次重大探险，颇具挑战性。在这次探险中，他展示出了不达目的誓不罢休的强大领导能力。

Robinsons. Bristol.

利文斯通的最后之旅

　　虽说饱受疾病折磨，利文斯通却不肯跟斯坦利返回英国，而是和斯坦利一起去探险。1872年3月他们分开后，利文斯通想去寻找卢阿拉巴河的源头。路上的地理条件十分恶劣，降雨很多，地图也很不准确，这都令利文斯通越发病弱不堪了。1873年4月30日，利文斯通在班韦乌卢湖附近的一个小村子里与世长辞。他的心脏被埋在非洲，遗体则被运回英国，埋葬在了伦敦的威斯敏斯特大教堂里。利文斯通的事迹给了其他要前往非洲的探险家和传教士很大的鼓舞。他揭露奴隶制的黑暗恐怖的报告导致了非洲东海岸的奴隶贸易的终结。他的欧洲贸易应该对非洲大陆有益的信念，启发英国在非洲中部建立了殖民地。

利文斯通和斯坦利的共同探险持续了五个月，主要是探索坦噶尼喀湖沿岸。

贝尔的话

　　利文斯通去世很久之后，他的传记依旧很受读者欢迎，他的影响力也是经久不衰。在他去世两个月后，桑给巴尔一个规模很大的奴隶市场被永久关闭了。

🧭 回家路漫漫

利文斯通死后，他的随从在詹姆斯·楚马（James Chuma）和阿卜杜拉·苏西（Abdullah Susi）的带领下，决定运送利文斯通的遗体回英国。他们用盐巴和白兰地将尸体做了防腐处理，又用布裹了起来。然后他们将遗体运到1600千米之外的非洲东海岸。这段行程足足花了九个月的时间，有十人因此献出了生命。在巴加莫约，利文斯通的遗体被装进棺材，送上了一艘去英国的船。

英国皇家地理学会将这枚特殊的奖章颁发给了六十位在非洲参与运送利文斯通遗体的人。

🧭 非洲之心

利文斯通的心脏被埋在了一棵姆蓬杜（mupundu）树下，这里也恰恰是他与世长辞的地方。他的一位随从在树干上刻下"利文斯通，1873年5月4日"，后面又加上了他三位随从的名字。后来这棵树枯死了，人们将树砍掉，树干的铭文被送给英国皇家地理学会保管。

非洲有许多地方都是以利文斯通命名的，而且世界各地都有他的纪念物，维多利亚瀑布旁的利文斯通雕像便是其一。

LIVINGSTONE 1873

1874 年到 1877 年，斯坦利带领他的探险队横穿非洲十分危险的人迹罕至的地带。在与斯坦利一起出发的大约 225 人中，有至少 108 人死于途中。

贝尔的话

斯坦利一行人足足花了五个月的时间，方才开辟一条路，穿过了茂密的伊图里雨林，并且击退了雨林中原住民部落的袭击。

从东海岸走到西海岸

在获得来自两家报纸的赞助之后，斯坦利于 1874 年重返非洲，试图解决非洲地理方面的一些疑问。他从桑给巴尔出发，走到了维多利亚湖和里彭瀑布，确认了白尼罗河从此流出。而后他又选择了一条不可思议且十分危险的路线——沿卢阿拉巴河和刚果河向西海岸进发。斯坦利的最后一次非洲探险是从 1886 年到 1890 年，这一次他是穿越非洲大陆去营救埃明帕夏（Emin Pasha）。埃明帕夏是赤道省（当时是埃及的一个省，现在则属于南苏丹和乌干达）的省长，他的辖地爆发了起义。这一次探险令斯坦利写下了他最畅销的一本书：《非洲最黑暗的地方》（*Darkest Africa*）。

关于刚果河的一些数据	
长度	4600千米
最宽河面处的宽度	13千米
源头的海拔	位于赞比亚东北部高原，1700米
流域面积	376万平方千米
流量	河口处为41000立方米/秒

援救埃明帕夏的远征

1886年，斯坦利前去援救埃明帕夏，他们的路线要渡过刚果河，穿过伊图里雨林，迂回曲折，危险艰苦。这支全副武装的探险队一路上受尽了疾病、饥饿和战争的折磨，三分之二的队员不幸丧生。尽管如此，斯坦利不但救了埃明帕夏，而且还沿途完成了许多重大的地理发现。

月亮山

古希腊人认为尼罗河的源头就在白雪覆盖的群山之间，这些山被称为"月亮山"。位于维多利亚湖西畔的鲁文佐里山脉是斯坦利援救埃明帕夏途中经过的一座山脉，极有可能就是传说中的月亮山。鲁文佐里山脉中最高的山被命名为斯坦利山（见下图），整个山脉的最高峰玛格丽塔峰就在斯坦利山上。

大量听众都聆听过斯坦利讲述的他的探险经历。斯坦利收获了巨大的荣誉和奖赏，但是那些曾跟随他探险的人却对他颇有微词，认为他在毫无必要的情况下使用武力，是个十分糟糕的领导者。这些攻击令他的名誉受损。因此，在他1904年去世后，将他下葬在威斯敏斯特大教堂的要求被拒绝。

伯克和威尔斯 | 澳大利亚内陆的致命"错过"

伯克和威尔斯率领探险队第一次从南向北穿越了澳大利亚。他们冒死走进澳大利亚的内陆，经过长途跋涉，最终抵达北部海岸。但是他们返回澳大利亚中部的留守营地时，发现营地里空无一人。陷入困境的伯克和威尔斯该怎么办？他们为什么会和另外两队人马一再错过？为什么原住民的帮助没能让他们支撑下去？

穿越澳大利亚

　　欧洲人第一次来到澳大利亚是在1606年。到了1788年，澳大利亚大陆上有了第一批欧洲移民定居。于是，探险家们也随之开始深入内陆，但直到70年后，依然没有任何人能够穿越澳大利亚的内陆地区。这块大陆的内陆中心区成了神秘地带，通常会被形容为可怕的无人区。1860年，新成立的维多利亚殖民区的领袖下决心要改变这一状况。金矿给维多利亚殖民区带来了财富，因此他们希望这趟科考能够成功，以便其在内陆地区寻找到更多的金矿和牧场，并为连接维多利亚和英国的电报路线测绘一条线路。当地的科学家和商人都纷纷捐款，以资助这次前往北部海岸的探险——维多利亚殖民区科考探险。探险队由罗伯特·奥哈拉·伯克（Robert O'Hara Burke）率领，于1860年8月20日出发，当天约有15000名民众自发去欢送他们。

　　这次探险的目的是探索澳大利亚的内陆。这里是世界上环境最严酷的地区之一。

做好一切准备

伯克为这次探险准备了大量物资，重达21吨，其中包括9吨食物，还有工具、马鞍、一张橡木桌子、19把左轮手枪、10支双管枪和6把来复枪。

关于这次探险的数据资料	
出发时成员人数	19人
探险持续时间	16个月
探险距离	约3000千米
死亡人数	7人
最终完成了探险的人数	1人

在拥挤喧闹的人群的围观下，在乐队鼓乐齐鸣的欢送中，伯克带领着他的探险队从墨尔本市中心的皇家公园出发了。

第一夜

第一天快要结束的时候，有三辆运货马车坏掉了，探险队只得在距墨尔本市中心仅11千米的埃森登驻扎下来。第一夜过得十分混乱和吵闹，没人知道哪件行李里装了哪些东西，队员们也并不清楚自己的职责是什么，而且这天夜里还有骆驼惊扰马匹的事情发生。

伯克是这次探险的领队，曾任维多利亚警察局局长。虽说他是个威风凛凛的人物，但其实却并没有什么管理能力，易冲动，毫无探险经验。威廉·威尔斯（William Wills）却恰恰相反，他是一位头脑冷静且很有钻研精神的科学家，因此成为这支探险队的二把手。

可怕的无人区

1860年之前，已有查尔斯·斯特尔特（Charles Sturt）、托马斯·米切尔（Thomas Mitchell）和奥古斯塔斯·格雷戈里（Augustus Gregory）对澳大利亚的东南部做过调查研究。另外还有爱德华·艾尔（Edward Eyre）曾探索过澳大利亚南部的海岸线。斯特尔特也曾尝试进入内陆地区，只可惜以失败告终——当时很多人认为内陆地区是有内海存在的。路德维希·莱卡特（Ludwig Leichhardt）、埃德蒙·肯尼迪（Edmund Kennedy）和格雷戈里都曾徒步穿越过北部沿海地区，遗憾的是，莱卡特和肯尼迪都再也没能回来。

贝尔的话

这是一次规模可观的探险，共带了26头骆驼、23匹马、6辆运货马车和19个人，其中还包括特意雇来照顾骆驼的4个印度人。

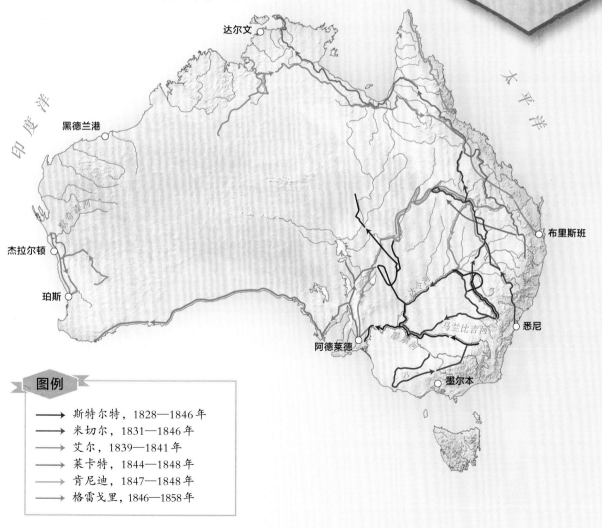

图例

→ 斯特尔特，1828—1846年
→ 米切尔，1831—1846年
→ 艾尔，1839—1841年
→ 莱卡特，1844—1848年
→ 肯尼迪，1847—1848年
→ 格雷戈里，1846—1858年

万事开头难

在这次远征的开始阶段，天降大雨，路面泥泞，这使得他们只能以每小时 1.6 千米的速度前进。伯克与他当时的副手乔治·兰德尔斯（George Landells）大吵了一架，气得兰德尔斯辞了职，于是威尔斯代替了他的职位。伯克越来越担心探险队的花销，而且他也很怕另一位探险家约翰·麦克道尔·斯图尔特（John McDouall Stuart）成为第一个穿越内陆地区的人。当他们在最北边的移民定居点梅宁迪休息的时候，伯克先解雇了几个队员，又命令其他队员殿后，而且把携带的物资也做了精简。到达特罗沃特（Torowoto）沼泽的时候，伯克又将队伍中的第三把手威廉·赖特（William Wright）派回了梅宁迪，让他去接那些殿后的队员以及留在后面的物资。同时，伯克率领身边的人继续前行，在 1860 年 11 月 11 日来到了库珀河边。

在梅宁迪时，伯克听说斯图尔特在返回阿德莱德前，已于 1860 年 4 月 22 日抵达了澳大利亚内陆中心地区。伯克知道，斯图尔特将很快会再次出发。

探险队在库珀河边建立起第六十五号补给营地作为基地，他们在这里留下了一些物资，以备返回时使用。

被轻视的科学家

伯克的目标是要成为第一个从南往北穿越澳大利亚的人。对他而言，科考一点儿都不重要。因此当他要削减人员和物资时，他便命令队伍中的两位德国科学家赫尔曼·贝克勒（Hermann Beckler）和路德维希·贝克尔（Ludwig Becker）："不许再做你们的科考工作了，赶紧跟大家一块儿干活！"后来又把他俩留在了梅宁迪。不过，这两个人却一直坚持记录自己的所见所闻，他们的观测成果在今天看来仍然很有价值。

他们原计划的路线，是在澳大利亚中心地带"之"字形拐弯，然后再一路北上，直达卡奔塔利亚湾。库珀河以北地区，人迹罕至。

很多个第一次

探险队使用的骆驼在当时的澳大利亚还很少见，26头骆驼中的24头是刚刚从印度进口来的。这些骆驼虽然适应了在沙漠中生活，但在沼泽地里行动就十分艰难了，而且它们也不喜欢游泳渡河。后来，人们又进口了很多骆驼，如今澳大利亚内陆的野生骆驼，就是这些进口骆驼的后代，其中的一些甚至被出口到中东地区。

奔向海湾

他们决定快速奔向北部海岸，于是，伯克、威尔斯以及查尔斯·格雷（Charles Gray）和约翰·金（John King）从库珀河出发了。伯克命威廉·布拉厄（William Brahe）负责留守，但在留守队伍要等待多久这一问题上，伯克和威尔斯却给出了相互矛盾的指示。令人惊讶的是，尽管格雷在途中去世，伯克长途跋涉到达海湾再返回库珀河营地，只用了四个月的时间，但他们却发现，布拉厄和留守队伍刚刚离开。因为食物和水严重短缺，伯克和队员们都异常虚弱。

🧭 迷宫般的水道

有很多条河最后都注入了卡奔塔利亚湾。蜿蜒的河流穿过广袤的平原——如今这片平原被称为卡奔塔利亚海湾地区——和千回百转的河道，在海岸附近编织成一张河网。到了雨季，河水会漫过河岸，肆意泛滥，形成沼泽和湿地，并形成众多的湖泊。这些河流和沼泽令探险队的行进变得十分困难，他们根本没办法来去都走同一条直通海湾的路线。探险队员们终日全身湿漉漉的，甚至有时地面太软，根本无法通行。

在澳大利亚北部只有两个季节：雨季（11月至次年4月）和旱季（5月至10月）。四位探险家是1月抵达澳大利亚北部的，当时的天气非常湿热，季风降雨导致洪水不断泛滥。

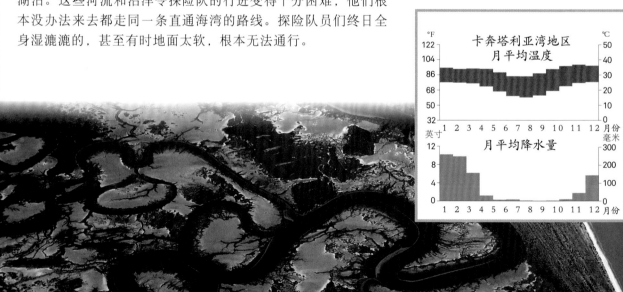

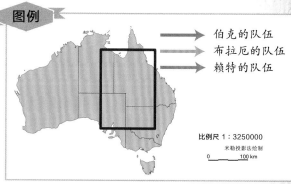

→ 伯克的队伍

→ 布拉厄的队伍

→ 赖特的队伍

比例尺 1∶3250000

米勒投影法绘制

0   100 km

伯克一行人穿过沼泽向海湾挺进，他们全然不知沼泽里生活着大批危险的咸水鳄，这些鳄鱼长达6米。

🧭 在达令河的长久等候

赖特的队伍驻扎在达令河上的帕马玛鲁溪边。赖特原本要带着剩余人马和物资追随伯克，但他首先要派人到墨尔本去搞到更多的马匹和粮食。与此同时，有两个信使和一个原住民向导去追赶伯克，向他报告斯图尔特的进展。但五个星期后，那位向导却又回来了，报告说两位信使的马死了，人也被困住了。于是大家又花了四个星期的时间去营救两位信使。直到伯克离开梅宁迪三个月后，赖特才带领他的人马出发，但他们却很快又被迫停了下来，因为赖特的许多队员生病了，还有一些人因为糟糕的食物、缺乏饮用水和天气炎热而死亡。

这支探险队的探险指南是这样写的："要尽量让路线标记持久保留……比如堆垒石块或在树上刻写标记。"而约翰·金的任务就是从树干上剥下成片的树皮，来标记出队伍的路线。

⑤ 第119号营地

▲ 1861年2月9日：伯克的队伍在弗林德斯河和拜诺河交汇点附近建立了第119号营地。

1861年2月11日：伯克和威尔斯在距海边22千米的地方停了下来。

▲ 1861年1月27日：伯克的队伍从塞尔温岭出发，一路下行，往海湾地区去了。

④ 塞尔温岭

▲ 1861年3月15日：自伯克的队伍离开库珀河，已过去了三个月的时间。

▼ 1861年3月25日：伯克抓住格雷偷大家的口粮。

⑥ 河网地区

▲ 1860年12月25日：一行人在迪亚曼蒂纳河边庆祝圣诞节。

③ 斯特石漠

▼ 1861年4月17日：格雷不幸去世，其他几人花了一天的时间埋葬了他。

▼ 1861年4月21日：伯克、威尔斯和金返回库珀河。

② 辛普森沙漠

⑧ ⑦ ⑨

▼ 1861年4月21日：赖特的队伍开始往布卢湖前进。布拉厄和他的人马则是4月29日抵达这里的。

① 第六十五号补给营地

库珀河和河网地区的许多河流都注入众多盐湖，这些盐湖几乎都会干涸。

▼ 1861年3月30日：赖特的队伍在库里亚图洼地驻扎下来，并停留了三个星期。

霍普利斯山

▲ 1860年11月5日：赖特抵达了梅宁迪。直到1861年1月26日，他的救援队伍方才出发继续北上。

穆特温吉

梅宁迪

① 第六十五号补给营地

在伯克即将离开库珀河的时候，他吩咐布拉厄在这里等上三个月，以等待他返回。但威尔斯却要求布拉厄等上四个月的时间。伯克一行人带走了6头骆驼和1匹马、足够维持十二个星期的物资以及一些枪支弹药，但却并没有带帐篷。在库珀河边的第六十五号补给营地，布拉厄的队员搭建了一圈栅栏，然后便在无聊中苦苦挣扎了三个月。三个月后，他们的物资已快耗尽，可布拉厄决定再等上五个星期的时间，直到1861年4月21日。

② 穿越斯特石漠

伯克一行人离开了库珀河后，很快便进入了斯特石漠之中。斯特石漠面积广阔而平坦，十分贫瘠荒芜，遍布着红色的石头——之所以是红色，是由于这些沙石中含有铁。沙漠中有些地方平坦而坚硬，容易行走，但有些地方却是松散的碎石，脚踩在上面十分难受。

3

顺着河道走

澳大利亚内陆的河网地区河道稠密。这些河汇入内陆的盐湖中，不过这些河水通常是还未到达盐湖便已渗入地下或蒸发掉了。幸好在探险队到达时河里水量充沛，人们可以沿河北上，而且可以随时取水用。

翻越塞尔温岭

在这片奇峰突起、峡谷陡深的山中寻找到一条可行之路，对探险队员和他们的骆驼而言，是一次真正的考验。骆驼在松动的碎石上行走困难，探险队的行进速度下降到每天只能走8—10千米。

贝尔的话

在澳大利亚的中北部地区，常常可以看到一群群澳大利亚野狗，一群最多有12只，不过它们都很害怕人类。

被困在海湾沼泽区

由于骆驼没办法在海湾区的沼泽地里行走，伯克和威尔斯便把它们留在了第119号营地中，并让金和格雷留下看管他们，然后他们俩便带着马和三天的物资进入红树林。1861年2月11日，他们抵达了一个地方。在那里，水是咸的，而且还可以看见波浪，然而，浓密的红树林却迫使他们不得不在目睹大海之前便转身原路返回了。

被格雷拖延了时间

3月初，格雷患上了痢疾，开始掉队了。此时，食物已变得非常短缺，因此当格雷偷吃了不属于他的口粮时，伯克大发脾气，把他打了一顿。格雷身体状况一点点变差，最终在4月17日那天去世了。剩下的三个人已经疲惫不堪，花了一整天的时间才埋葬了格雷。这一天的耽搁导致他们未能在库珀河与布拉厄的队伍会师。

贝尔的话

这支探险队花了差不多三个月的时间才到达库珀河。而伯克一行人从库珀河到海湾，再返回库珀河，几乎全程徒步，才用了四个多月时间。

⊙ 空无一人的营地

在回到库珀河营地前的最后一段路程中，伯克、威尔斯和金饱受饥饿和疲劳的折磨，他们轮流骑仅剩的两头骆驼前行。1861年4月21日晚上，他们终于快要回到四个月零五天前离开的营地了，这令他们欢欣鼓舞。抵达营地时，他们高声呼喊着，然而却没有任何回应——帐篷没了，留在营地的人也不见了踪影。他们崩溃了。

⊙ 挂起了提示牌的树

一开始，伯克以为布拉厄只是将营地挪到了附近其他地方，但后来威尔斯却在一棵树上看到了刻痕指示，让他们在附近挖掘。于是他们挖到了布拉厄留下的一张便条和一箱物资。他们意识到自己与布拉厄的队伍失之交臂了。但此时他们太虚弱了，不可能再去追赶布拉厄的队伍，他们急需休整一下，然后再决定下一步要怎么做。

⊙ 一步之遥

布拉厄以为伯克的队伍不可能回来了，便于4月21日早上十点半左右率领他的人马离开了第六十五号补给营地。不料伯克、威尔斯和金竟于当晚七点半左右回到了此地。两队人马一走一来仅相差了9小时，而且当晚他们两队人的营地其实只相距22千米远！

澳大利亚内陆的生活

  从梅宁迪往北，探险家们穿越了缺乏地图资料的危险的澳大利亚内陆地带——这里的沙漠地区年降雨量不足250毫米，夏季气温可以达到50℃，河流和池塘经常会缩小或消失。有人警告过伯克，不要在夏季穿越内陆地区。但他下决心一定要胜过斯图尔特，所以没有将这些警告放在心上。想要在内陆地区生存下来，就必须要具备正确的装备和知识，而这些探险队员却并没有。相比之下，那些在澳大利亚内陆生活了数千年的原住民则有方法和技能帮助自己活下来。尽管这些原住民对欧洲人以及他们的骆驼和马匹心怀警惕甚至敌意，但他们还是常常为探险队提供帮助，协助他们寻找水源和食物。

澳大利亚内陆地区风景优美，但异常荒芜，食物和水源都十分稀缺。

🧭 灼热的高温

根据威尔斯的记录，在库珀河附近，下午时分没有阳光直射的地方的气温是38—43℃！为了补充在这样的高温下身体由于出汗而损失的水分，探险队员们每天需要喝掉15升的水，但他们随身携带的饮用水却只够每天喝约3.5升。

贝尔的话

澳大利亚大陆五分之三的地区是沙漠或干旱地区。

水分流失率（%）

8

6

4

2

0

身体无法正常调节体温　丧失体力　丧失肌力，高热抽搐　中暑、昏迷、死亡

当人体水分流失超过6%时，便会引发昏迷和死亡。

适应荒芜之地

原住民依靠打猎和采集为生，擅长在荒漠里生活，他们知道哪里能挖到水，也知道如何跟着动物的蹄印去寻找水坑以及什么植物中含有大量水分。而且，他们也能够找到并加工好各种各样的动植物来作为食物。

原住民们会用图中的容器收集食物，这种容器被称为库拉门（coolamon）。

水坑对原住民而言是至关重要的水源，不仅十分有用，还具有精神象征的意义。但探险家们却没有意识到这一点。

斯图尔特沙漠豌豆是一种广泛分布的干旱地区植物，有着独特的花朵。沙漠豌豆的种子会休眠直到降雨发生，然后迅速地发芽。

🧭 等待下雨

沙漠中的动植物早已适应了干旱的自然条件。有些动物会挖地洞藏身，或者干脆白天睡觉，夜晚活动，因为夜里会凉爽得多。植物都长着长长的根，可以从地下很深的地方汲取水分。有些植物的种子会一直等到下雨后才开始萌发，在几日之内完成开花、结实，然后就枯死了。

✕ 贝尔的话

为了躲避高温，储水蛙会在地下潜伏很长一段时间（即夏眠），只有在下雨之后，才出来进食和繁殖。

在赶往霍普利斯山的途中，伯克、威尔斯和金在沙漠中迷路了。

✺

再次错过

在与布拉厄的队伍失之交臂以后，伯克决定顺着库珀河和斯特雷兹莱基溪，走到240千米之外的霍普利斯山的一个警哨那里。金又把布拉厄留下的那箱物资重新埋回树下，以免被当地原住民找到。不过伯克决定不再留任何消息了。没过多久，他们的骆驼死了，他们被困在了库珀河边，此时他们距离第六十五号补给营地约有32千米远。与此同时，布拉厄却与赖特相遇了，两支队伍决定一起返回第六十五号补给营地去。由于没找到伯克回来过的痕迹，因此他们也没留下回来过的信息。此时，伯克、威尔斯和金正处于十分凄惨的境地，只能靠吃一种名叫"纳朵"（nardoo）的水生植物，依靠当地原住民的帮助生活。后来威尔斯又挣扎着返回了第六十五号补给营地一次，将他们的探险日记埋在了记号树下。就在他跑完这一趟后不久，他和伯克都不幸去世了。

🧭 土生土长

　　纳朵是一种蕨类植物，原住民会用它的孢子（类似种子）来制作食物。纳朵中含有一种名叫硫胺酶的化学物质，会导致人体缺乏维生素B_1，影响消化功能，令人越来越虚弱。当地原住民在用纳朵孢子碾粉前都会对其进行清洗和烘焙，去除其中的硫胺酶。但探险家们却没有这样做，也许这也是导致伯克和威尔斯死亡的原因之一。

🗨 贝尔的话

　　加工纳朵孢子时要用一种光滑的石头进行碾压磨碎，这种石头被称为"纳朵石"，当地原住民会把这些石头留在河边。

　　原住民们可能没有把处理纳朵孢子的方法教给伯克和威尔斯，因为这些处理工作都是由妇女来完成的，她们不可能让欧洲探险家这样的访客看到自己做这些事。

失去了领导

由于威尔斯日渐衰弱，伯克和金决定去向当地原住民寻求帮助。但后来伯克的身体也不行了，连站都站不起来，于是他便命令金给他留下一把枪，然后赶紧离开他。伯克留下的最后一封信中写道："金表现得十分高尚……他一直陪我到最后一刻。"

在位于布卢湖的营地中，赖特和他的下属们遭遇了鼠疫和其他疾病。在这群病人中，有一个是路德维希·贝克尔。即使已病得快要坐不起来了，他仍坚持记录着探险日志。1861年4月29日，贝克尔去世了。

⊙ 威尔斯之死

等金回到威尔斯身边时，发现他也去世了，遗体被当地原住民用树枝盖着。现在只剩下金孤零零的一个人了，他带走了一封威尔斯写给父亲的信，信的开头写道："这可能就是我写给你的最后几句话了，我们现在已经快饿死了。"结尾处则说"情绪好极了"。

⊙ 失败的消息

伯克和威尔斯死的时候，布拉厄和赖特的人马正艰难地走在返回梅宁迪的路上。回到梅宁迪后，布拉厄又骑马赶到墨尔本，送去了本次探险失败的坏消息。

1861年	4月	5月	6月
伯克、威尔斯一行人	23日离开库珀河营地，前往霍普利斯山	7日，最后一头骆驼死了，导致他们陷入了困境；23日，威尔斯返回了库珀河营地	28日前后，伯克和威尔斯去世
布拉厄一行人		8日，布拉厄与赖特一起回到了库珀河营地，但他们没找到任何伯克留下的信息	18日返回了梅宁迪
赖特一行人	29日贝克尔去世了	8日，赖特与布拉厄一起重返库珀河	18日返回了梅宁迪

伯克下葬

在找到金之后，豪伊特找到了伯克和威尔斯的遗体，将他们就近掩埋了。而且，豪伊特还用英国国旗将伯克的遗体包裹了起来。

救援和纪念活动

截至1861年6月，在墨尔本的人们已经有六个月未听到任何关于探险家们的信息了，民众对这些探险家的关心与日俱增。但是，等维多利亚探险协会及南澳大利亚和昆士兰政府派出救援队时，却已经太迟了。由艾尔弗莱德·豪伊特（Alfred Howitt）带领的维多利亚探险队找到了金，并传回了伯克与威尔斯都已死亡的消息。后来豪伊特带回了他们两位的遗体，并在墨尔本为他们举行了隆重的葬礼。人们将他们视作悲剧英雄来进行哀悼。尽管如此，人们还是对他们的错误进行了调查，且伯克、布拉厄和赖特都因其错误决策而受到批评。他们的探险虽然失败了，但却填补了澳大利亚内陆地区地图的空白，也证明了那里没有内陆海，而后续的救援探险进一步拓展了这些知识。

1861年，艾尔弗莱德·豪伊特的探险队抵达了那棵探险家们埋东西的树下，并在这里找到了约翰·金。与此同时，还有其他救援队到了卡奔塔利亚湾，并同从昆士兰和南澳大利亚出发的探险队伍会合。这些探险活动都大大增加了对澳大利亚内陆地区的了解。

🧭 唯一的幸存者

金在当地原住民的帮助下活了下来。但当豪伊特率领救援队抵达时，金病得很重，豪伊特怀疑他要活不下去了。所幸几天之后他的身体好转了一些。苦难的经历对他的身体和精神都造成了损害。金返回墨尔本之后，受到英雄凯旋般的欢迎，但他不愿谈论这次探险。他一直没有完全恢复健康，去世时年仅33岁。

🧭 国葬

公众为伯克和威尔斯举行了公开下葬和纪念活动。1863年1月21日，维多利亚殖民区举行了第一次国葬，为伯克和威尔斯送别。前来送葬的民众达到6万人。

🧭 斯图尔特的探险成功

斯图尔特的探险队于1861年1月1日出发，打算从南至北穿越澳大利亚。但是由于天气炎热、水源缺乏以及原住民的敌意，他们只得返回了阿德莱德。同年10月，他们再次出发，1862年7月到达了北部海岸。他们顺利返回阿德莱德的那天，正好是为伯克和威尔斯举行国葬的日子。

贝尔·格里尔斯 | 孤舟勇闯西北航道

1845年，英国皇家海军少将约翰·富兰克林率领由两艘军舰组成的探险队在探索北冰洋西北航道时全军覆没。为了筹措一笔善款，贝尔和另外五位伙伴计划乘着一艘小型硬壳充气艇挑战这条航线。他们能够成功完成壮举吗？贝尔和队员们在荒岛上宿营时发现了什么遗迹？他们在海上收到的求救信号是谁发出的？

西北航道

世界上仍有一些地区几乎没有人类探索过。2010年，有一个地方吸引了我——不为人知的西北航道。这条航道穿过北冰洋，连接大西洋和太平洋，是传说中的贸易路线，历史上曾经有很多人试图挑战。处于公海之上，气温很低，海上有浮冰，北极熊出没，天气多变……这一切都让这条航道变得很艰难。通过西北航道最著名的一次尝试是1845年约翰·富兰克林（John Franklin）爵士领导的探险活动。富兰克林准备了两艘装载蒸汽机的船——英国皇家海军"暗界号"和"惊恐号"。遗憾的是这次探险终未成功，船只和全体船员都失踪了。然而，我们六人计划乘着一艘小型硬壳充气艇挑战西北航道。我们这支小型队伍重走西北航道，是为了提高人们对全球变暖的危机意识，并且为儿童慈善机构全球天使基金会筹集资金。尽管我们做了充足的准备，但对于在探险途中会遇到什么，我们一无所知。

这是我们 11 米长的硬壳充气艇，由三台 300 马力的舷外引擎提供动力。船体是铝制的，既轻便又坚固。

🧭 波弗特海

我们于2010年8月30日起航，将在危险的北冰洋中航行1700海里（3148千米）。我们从加拿大巴芬岛起航，这是世界第五大岛屿。我们在群岛中穿行，这些岛屿常常有厚厚的冰连接。随后，我们进入波弗特海，这片海以弗朗西斯·波弗特（Francis Beaufort）爵士的名字命名，他制定了蒲福风级。我们在这里遇到强劲的大风。这里气候一直很危险：倾盆大雨、冰寒刺骨的大风和浓雾，这些都将我们的速度拖慢到像爬行一样。虽然地处北纬74°，但这里仍然生活着大量的鸟类、海豹和鲸鱼。

完整的西北航道在穿越分隔美国和俄罗斯的白令海峡后结束，需要两次穿过北极圈：一次在大西洋，一次在太平洋。这一路线最可怕的一段要穿过努纳武特地区，这里一年大部分时间里处于冰冻状态。

🧭 图克托亚图克

我们最终在9月9日到达目的地——图克托亚图克的小村庄。这是一个有800多人居住的社区，位于加拿大西北地区。从一直在颠簸的船上走下来时，我踩着坚实的大地，感到无比喜悦和放松，虽然我可能错过了欣赏北冰洋迷人的景象。

🧭 约翰·富兰克林爵士

约翰·富兰克林爵士

1845年，英国皇家海军少将约翰·富兰克林爵士受命绘制第一次成功航行后剩余的500千米北冰洋海岸线。他准备的两艘帆船——"暗界号"和"惊恐号"，都装载了新式蒸汽机。可惜的是，这次探险活动没有成功，所有人都失踪了。

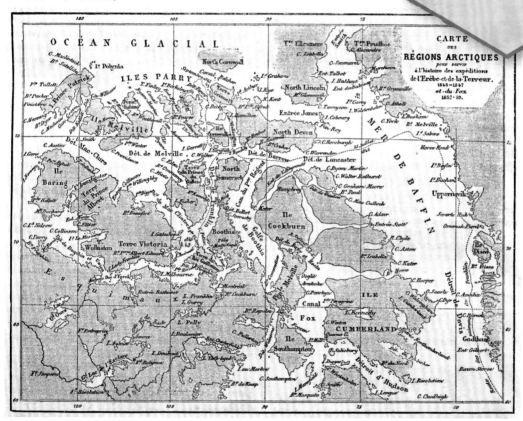

一幅北极地区的古地图

🧭 船员的命运

富兰克林爵士的船队失踪三年后，营救队才被派出，不过他们什么都没找到。九年后，因纽特猎人们告诉探险家约翰·雷（John Rae）博士这支探险队遭遇了冰封。船员们舍弃了船，但后来死于疾病、低温和饥饿。雷没能找到任何有关富兰克林遗体的线索。

危险的呼喊声

迷人的荒凉

当我们为这次探险进行准备时，我时常失眠，不停地思考我们的准备会有哪些疏漏。西北航道非常偏僻。凶猛的风掀起巨大的海浪，可以轻而易举地摧毁我们的船，我们被困在冰冻的海水中的概率也很大。尽管前路的各种风险令人胆怯，但当太阳从海平面升起时，你会不由自主地被这迷人的荒凉景色吸引。

西北航道
这里虽然荒凉，但有着迷人的景观。

漂浮物

海上的漂浮物也给我们带来了巨大的威胁。浩荡的河流将大量的漂浮物带入海中。有时，巨大的树干和海冰会形成可怕的自然障碍物。即使在风平浪静的海面上，我们也不得不时刻系紧安全带。否则，一旦我们撞击到障碍物，就可能从座椅中被甩出去，掉进冰冷的海水里。

🧭 致命的低温

为了增加成功的概率，我们在夏天起航。这里，夏天的平均气温在 -10℃ 至 10℃ 之间。冬天的气温则可以降低至 -30℃。当寒风袭来时，气温会进一步下降。当风速在每小时 20—290 千米（蒲福风级的 4—12 级）时，会造成风寒效应。

🧭 大浪

海面上的天气瞬息万变。这一刻还风平浪静，下一刻就可能天色变暗，狂风肆虐，海浪翻涌。巨浪不停地猛撞着我们的小船。我们其中一名队员曾被大浪从座椅上抛起。他的头部受了伤，流了很多血。

🧭 波涛汹涌的北冰洋

人们曾认为北冰洋是冰封的海洋，但实际上，在这里曾记录到 5 米高的海浪。

海上浮冰

对我们最大的威胁来自海上浮冰。以往的探险队不得不破开厚厚的冰层前进。现在由于气候变暖，我们可以绕开冰层航行了。有时，我们别无选择，只能在浮冰之间穿行。如果我们的船撞击到巨大的浮冰，那对探险队来说将可能是巨大的灾难。

我们的硬壳充气艇在海洋中前进
由于全球气候变暖，我们的小船可以行驶到一些以前从未有人探索过的区域。

海上浮冰
海上浮冰对于没有有效防护的我们，一直是最大的威胁。

保持警惕

　　我们要时刻保持警惕。不停地选择路线穿过浮冰，像是在下一盘巨大的跳棋。一个错误的举动就可能会带来巨大的灾难。

贝尔的话

　　海上浮冰是海水结冰形成的。而冰山和冰川在陆地上形成，之后破裂并漂到大海里。

🧭 大消融

　　在冬季最寒冷的时候，冰层绵延到大片区域，形成完整的一块，厚达4米。最近这几年，夏季冰层融化非常严重，这才使得我们的探险成为可能。我们面前的开阔水面是一个清晰的信号，意味着全球变暖正以惊人的速度影响着这里。

🧭 看不见的威胁

　　危险不只来自我们能看到的水面浮冰，水面下方的冰体更大，更具有威胁性，足以摧毁我们的小船。尤其当海浪翻起白色的泡沫时，这些水下的冰块几乎看不见，这让我们感觉自己不堪一击。

在陆地上

在安营扎寨前先休息一下。

搭建帐篷

高纬度地区的夜幕降临很缓慢。黄昏时分，云层通常很厚，大海和天空在暮光中交融成一体。对我们来说，找到陆地搭建帐篷非常重要，这样才可以吃东西、休息。

北极的日落。拍摄于西北航道的加拿大努纳武特地区。

🧭 露营流程

我们的首要任务是生火，让身体暖和起来。温度下降很快，所以我们要尽快完成这项任务。我们收集漂浮的木头作为篝火的燃料。露营的食物都事先装在小包装里定量配给，简单煮熟即可食用。然后我们蜷缩进临时帐篷里，好好休息一晚。

篝火

比起找到什么燃料，保持篝火一直燃烧则更加重要。

🧭 近距离接触

确保我们的硬壳充气艇牢牢地固定在宿营地附近的海岸上非常重要。我们都害怕一觉醒来，发现充气艇在夜里漂走了，所以我们轮流值守，看护充气艇并防备北极熊的出现。食物的气味可以传播数千米远，我们最不希望的就是与一只循着气味而来的饥饿的北极熊遭遇。我们一直带着一支霰弹猎枪和一罐便携防熊喷雾。

🧭 发现墓穴

在一个直径不超过180米的荒岛上，我们在扎营时遇到了意想不到的事：这里有多个坟墓。这些坟墓用石头堆出身体的轮廓，更像是西方人的坟墓，而非因纽特人的。我们仔细察看，发现了人类的骨头、弹药筒和织物碎片。这些遗骸中会有富兰克林爵士本人的吗？

🧭 饥饿

随即，我们回想起富兰克林爵士的探险故事。他们在这片不适合生存的乱石丛中生活了多少年？是什么支撑着他们的意志？我们在大口吃着热气腾腾的食物时，又在想他们在最后的日子里曾忍饥挨饿了多久。

⋀ 贝尔的话

我们怀疑这里埋葬的不是因纽特人，而可能是富兰克林探险队成员的遗骸。

🧭 失事的船

夜幕降临时，我们被好奇心驱使，借着月光和手电筒探索岛上的其他区域。这根本花不了多少时间。我们首先发现的是一根残破的木制的桅杆，有一半插在松软的泥土里。这根桅杆和那些坟墓一起出现，让我怀疑他们的船是在漆黑的夜晚触礁搁浅了，或者陷在海冰中无法前行。

🧭 意外的发现

我们匆忙赶回营地时，一位队员无意中踢到一个东西，起初我们以为是石头，但咔嗒咔嗒的声音让我们毛骨悚然——这是一块骨头。这是哪个倒霉的人的呢？他是富兰克林探险队里活到最后的人吗？是他埋葬了队友，之后一个人孤独死去吗？带着这个令人恐惧的想法，我渐渐入睡了。

补给燃料

　　无论我们的硬壳充气艇证明了自己有多可靠，它的三台舷外发动机还是需要补给燃料的。我们是幸运的，生活在加拿大努纳武特地区的因纽特人可以通过加油站为我们提供燃料。他们使用破旧的皮卡，帮我们把小桶汽油燃料运送到人迹罕至的海滩上。

无论何时停下来休息或加油，我们都要花一段时间让双腿重新适应在陆地上活动。

🧭 繁忙的修理

　　无论你的装备多么精良，也抵挡不了大自然抓住每一个机会，将它破坏、摧毁。我们的船体遭遇到一次撞击，发动机被小块海面浮冰撞击而损坏，迫使我们不得不临时动手修理。这样的问题会消磨人的意志，但探险活动的精髓就是一个接着一个的问题被解决，这样你才能一点点地接近最终目的地。

当地文化

因纽特人是非常和善的，他们经常会赠予我们很多礼物和美好的祝福，也会警告我们前方的危险。他们的这些知识来源于4000年来的生活经验和智慧。无论你身处世界哪个地方，这样的忠告都弥足珍贵，而因纽特人的这些忠告都蕴含在他们的民间传说中。

因纽特民间故事《巨鸥》的摘录。
因纽特语有五个变体和一个非常特别的字母系统。

当地居民

努纳武特地区的当地人被称作"Nunavummiut"。虽然主流历史学家认为意大利航海家克里斯托弗·哥伦布（Christopher Columbus）发现了美洲，但更有可能的是，坚强勇敢的挪威探险家才是最早踏上这片土地的西方人。努纳武特地区可能是冰岛史诗《红发埃里克传奇》中提及的赫吕兰（Helluland，意为"平石之地"）。

贝尔的话

一名出色的探险家总会听取当地人的忠告。这些忠告来自大量的历史传承和经验积累。忽视它们，你将会面临危险。

北极熊

我们非常清楚这里是北极熊的家园。当我们登陆后准备宿营时，我们面临的最大威胁就是北极熊。这些体形硕大的生物是强壮的游泳健将，它们捕鱼时，能在大片浮冰间游相当长的距离。北极熊的拉丁名字 *Ursus maritimus*，意为"海洋中的熊"。

贝尔的话

成年的北极熊体重可达700千克，从鼻子到尾巴长3米。

北极熊是北极地区的顶级捕食者。

🧭 近距离的遭遇

任何人遇到带着刚出生不久的幼熊的母熊时，都会惹上大麻烦。这些动物为了保护自己的孩子，会变得极有攻击性。我曾经遇到过一头体形硕大、单独活动的灰熊。体重达360千克的灰熊，其危险程度绝不亚于它的极地表亲北极熊。

🧭 野生动物

某天晚上，我们刚刚搭好帐篷时，发现附近有一只饥饿的北极熊。这种情况下，霰弹猎枪和防熊喷雾是重要的保护自己的防卫工具。

图中是我们登陆上岸准备搭帐篷时赶走的一只北极熊留下的巨大脚印。

营救！

　　只有我们六人生活在这片偏僻的海域中，这里远离文明，毫无人迹……至少我们是这么认为的。让我们惊讶的是，我们竟然在茫茫大海中接到了求救的卫星电话。一个探险家在附近的浮冰群被困。我们收到消息后马上给他回复，并立刻向北转弯去寻找他。

紧急营救
　　当收到急救信号时，我们要马上出发去营救，不能浪费一点儿时间。

努纳武特地区的约阿港的一个因纽特石标。

营救船

我们航行了 16 千米，在约阿港港口附近的积冰群中发现了法国探险家马蒂厄·博尼耶（Mathieu Bonnier）。他正尝试划着一艘小船，带着他的狗穿过西北航道。强劲的大风把他吹向浮冰群，在这里，他的船可能会被撞成碎片。我们花了几个小时把他拖离危险地带，一旦安全后，他便可以继续他的旅程了。

无情的荒野

如果我们没有路过，那么谁会回应这次求救呢？这再次让我想起富兰克林爵士和他可怜的队员，他们被困在海里，没有任何获救希望。这表明无论我们做的准备有多充分，经验有多丰富，探险中一定会出错。荒野是残酷的。

在严酷的北冰洋中，我们坐在自己的硬壳充气艇中尚且感到脆弱无助，很难想象马蒂厄划着他那只小船是怎样的感觉。

最后的航程

我们最后一段航程穿过了160千米的迪斯海峡，这个海峡位于肯特半岛和维多利亚岛之间。我们正奔向终点，但天气骤变，前方巨浪袭击了我们的船，我们减慢了船速。在进入波弗特海之前，我们在皮尔斯角宿营了最后一个晚上。我们被强劲的大风吹得快要散架了。

图克托亚图克
图克托亚图克村是我们航程的最后一站。

🧭 图克托亚图克

看到我们的目的地——图克托亚图克（意思是像驯鹿一样）的港口，我们的士气立刻被提振起来。尽管遇到很多挑战，但我们成功地用一次尝试就实现了用硬壳充气艇穿过危险的西北航道的目标。这是值得我们全体船员骄傲的时刻。

探险的本质

我们十分兴奋，穿过未知的水域后仅仅留下一些擦伤和瘀痕，但我们清楚记得曾经有多少人因为试图穿过同一条航道而丧生。那次意外发现疑似富兰克林探险队成员的遗骸，让我深有感触。它提醒我们，所有的探险不仅是令人兴奋的，也可能是致命的。

全球气候变暖

因为可怕的全球变暖，我们才有机会穿过这条危险的航道。虽然我们的探险能够提醒人们全球变暖的严重性，但为了下一代的利益，我希望这条航道会再一次变得无法通航，它的秘密被重新隐藏起来。因为，这意味着地球的平均气温摆脱了目前的危险水平。

这是位于澳大利亚霍巴特的约翰·富兰克林爵士雕像。他的探险队于1846年在比奇岛过冬，之后在航行中遇到灾难，整个船队都失踪了。

贝尔的话

当今时代能参与探险，对我们来说是幸运的。这也提醒我们，在我们居住的地球上，很多事情都不应该被视作是理所应当的。

冰冻之洋

这是北冰洋本来的样子。全球气候在变暖，北冰洋的冰将全部消融。

阿蒙森和斯科特 ｜ 白色大陆上的生死较量

第一支到达南极点的探险队——这一荣誉让阿蒙森和斯科特展开了竞争。大本营建在哪里，吃什么食物，选什么路线，派出多少队员，怎样运输物资，是否要采集岩石标本……两支探险队不同的抉择，带来了生与死的区别。斯科特为什么不愿意用狗拉雪橇？胜利者是哪支队伍？斯科特能够顺利返回吗？

奔向南极点

　　南极洲是地球上最寒冷的一块大陆，这里多风、多雪、多冰、多云，是世界上气候最变幻无常的区域之一。南极大陆是地球上最后一块被发现和被探索的大陆。即使到了今天，也仍没有人在这里永久定居，一些科学家会在这里长期工作。很早之前，便有地理学家认为，各种证据表明地球上存在一块未知的南方大陆。但直到18世纪末，从未有人接近和发现过这块大陆。在整个19世纪，一直有水手在南极洲附近的海域里活动，一些人探险，一些人捕猎海豹。到了19世纪末，人们才登上南极大陆进行探索，南极探险的"英雄时代"开始了。各个国家的探险者们相互竞争，新的发现层出不穷。

🧭 未来的竞争对手

1911年，挪威探险家罗阿尔·阿蒙森（Roald Amundsen）和英国探险家罗伯特·福尔肯·斯科特（Robert Falcon Scott）都想进行一次伟大的南极洲探险。两支队伍分别奔赴南极大陆，角逐到达南极点第一人的荣誉。

阿蒙森　　　　斯科特

几乎全部的南极大陆（98%的面积）都被坚冰覆盖着，大部分地区的冰层厚度达到2.5千米。到了冬天，大陆周围的海水结冰，形成巨大的浮冰群。

✈ 初见南极大陆

1772年到1775年，詹姆斯·库克（James Cook）在南极洲附近海域航行，但却没有发现南极大陆。1819年俄国探险家撒迪厄斯·冯·别林斯高晋（Thaddeus von Bellingshausen）花了两年的时间环绕南极大陆航行。在接下来的二十五年里，法国、英国、美国也都纷纷向南极洲派出探险队。然而直到1900年，只有极少的一部分南极大陆被探索过。

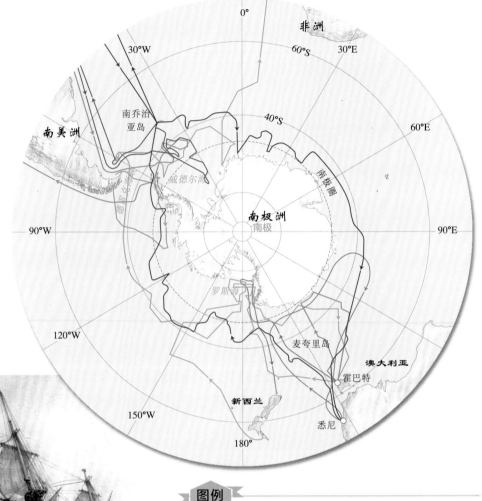

1838年到1840年，法国探险家朱尔·迪蒙·迪维尔（Jules Dumont d'Urville）率领船队进行了沿南极洲海岸的航行。他们船队中的木船，很容易被浮冰撞坏。

图例

→ 别林斯高晋，1819—1821年
→ 詹姆斯·韦德尔（James Weddell），1823年
→ 朱尔·迪蒙·迪维尔，1838—1840年
→ 查尔斯·威尔克斯（Charles Wilkes），1839—1840年
→ 詹姆斯·克拉克·罗斯（James Clark Ross），1840-1843年
→ 阿德里安·德热尔拉什（Adrien de Gerlache），1898-1899年
→ 卡斯滕·博克格雷温克（Carsten Borchgrevink），1900年

斯科特开辟了一条道路

第一次大规模的登上南极大陆的探险是在1901年至1904年，由斯科特率领的英国国家南极洲探险队完成的。在鲸湾，斯科特登上一个用绳索固定在地面上的氢气球，以便更好地观察南极洲内陆。探险队员们从罗斯岛出发，乘坐着狗拉雪橇进行了两次探索，深入到了以前从未有人到达的内陆地区。

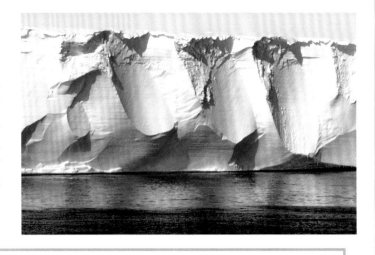

欧洲

南极洲

澳大利亚大陆

北美洲

贝尔的话

虽然无人定居，但南极洲从面积上说，是地球上的第五大洲，次于亚洲、非洲、北美洲和南美洲，但比欧洲和澳大利亚大陆广阔。

阿蒙森初到南极

1897年，比利时人德热尔拉什率探险队乘坐"比利时号"前往南极。阿蒙森是这支探险队的一名队员。1898年3月，他们的船遭浮冰围困，船员们一面被坏血病折磨，一面忍受着孤寂和黑暗。过了一年多，他们才成功脱困。

瞄准战利品

20世纪初期，到达南极点成了南极探险的主要目标。欧内斯特·沙克尔顿（Ernest Shackleton）曾于1902年随斯科特一起前往南极洲探险，但二人发生了争执，于是沙克尔顿便决心要成为第一个到达南极点的人。1907年，沙克尔顿终于筹够了钱，于是他便置办了一艘名叫"猎人号"（Nimrod）的旧船重返南极洲。虽然这次探险比斯科特走得更远些，但沙克尔顿不愿让自己的队员冒生命危险，便从距离南极点160千米的地方返回了。斯科特下定决心要打败对手，于是他又组织起了一支探险队，乘坐着一艘名叫"新地号"（Terra Nova）的船，于1911年1月抵达了南极洲。就在斯科特刚到南极洲的时候，阿蒙森也做出了要抢先赶到南极点的决定。

1909年1月9日，沙克尔顿的队伍抵达了他们此行所到的最南点。在返回之前，他们在这里插上了英国国旗。

贝尔的话

沙克尔顿的探险队用携带的预制板搭建了小棚屋，这个小棚屋被他们建在了罗斯岛的罗伊兹角。如今这座小屋依然矗立于此，经常被游客们参观。

🧭 国家的荣誉

当时有很多国家级的探险活动，其中就包括1902—1908年的苏格兰南极科考。

在全速冲向南极点的途中，沙克尔顿的探险队还登上了埃里伯斯火山，并到达了地磁南极。

图例

⟶ "发现号"探险队（斯科特带领），1902—1903年
⟶ "猎人号"探险队（沙克尔顿带领），1908—1909年

🧭 竞赛开始了

1910年，阿蒙森乘坐"前进号"起航了，对外宣称是去北极探险，但一到了海上，他便改变航线，一路南下了。很快，他便给斯科特送了个信儿，说自己已经上路了。斯科特很明白阿蒙森的意思：阿蒙森想要战胜自己，第一个到达南极点。竞赛开始了。

🧭 恶劣的天气

斯科特只给了自己九个月的时间为向南极点进发做准备，而大多数的极地探险家都会准备上两年！他几乎没有时间去研究和训练。他携带的装备特别沉重，这拖慢了"新地号"的速度。从新西兰出发后，船先是受到了暴风雨的侵袭，然后又被浮冰围困了三个星期。1911年1月4日，斯科特一行人终于在罗斯岛的埃文斯角登陆。

早些时候，阿蒙森和他的队伍曾跟加拿大北部的因纽特人在一起生活了六个月的时间，跟他们学习了极地生存技能。这段经历对他们而言，是非常宝贵的。

漫长的等待

  1911年1月14日，阿蒙森的探险队抵达了南极洲，并在鲸湾驻扎了下来。无论是英国探险队，还是挪威探险队，都在争分夺秒地赶在3月开始的冬季降临之前，在自己选定的路线上设置补给站。阿蒙森的队伍把这一任务完成得有条不紊，并留下了标记，便于他们日后寻找补给站。挪威人十分擅长滑雪，他们很快就完成了这项工作。相比之下，斯科特的队伍就比较狼狈了。此时海里的浮冰都融化了，所以从罗斯岛到南极大陆的路变得十分难走。他们的矮种马都陷在了积雪里。他们放置的标记很少，建造的主补给站离南极点也比他们预想的要远。

建立大本营

阿蒙森的大本营名叫"前进之家"（Fram-heim），就建在鲸湾的冰层之上。这样做的风险是冰层可能会碎裂并漂到大海上。但这个营地的优点是它距南极点比罗斯岛近了100千米。

罗斯冰架的边缘每到冬天（即3月至9月）便会陷入长长的黑暗时光，只有晨光或暮光才会稍微打破这一片漆黑。

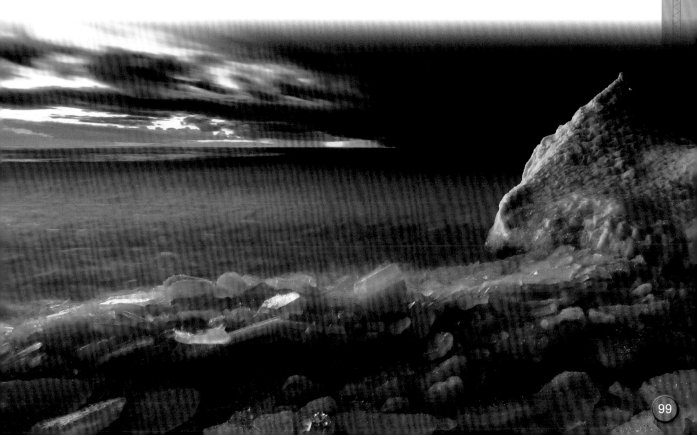

🧭 冬季路线

斯科特的探险队在埃文斯角建立的大本营至今仍矗立在那里。在冬季，两支探险队都开始维修和适应装备，为向南极点进发做好准备。两支队伍都有充足的食物，但阿蒙森却很明智地让他的队员每天都吃些新鲜的海豹肉，这为他的队员们补充了足够的维生素C。

🧭 关于动物

阿蒙森向因纽特人学会了如何让狗拉雪橇，因此他带了97只格陵兰哈士奇犬来帮他拉雪橇。斯科特虽然也带了狗，但也带了些矮种马，因为他坚信这种马更能负重。然而，狗可以吃海豹肉和企鹅肉，但马吃的食物却必须从英国运过来。

世界最险恶之旅

　　冬天过到一半的时候，斯科特的三名队员在一团漆黑中出发，前往罗斯岛的另一侧，希望能够在那里找到帝企鹅的蛋。此时气温降到了-54℃，而他们拖着的雪橇竟重达343千克！在度过了十分艰难的五个星期之后，他们疲惫不堪地返回了，带回了三枚帝企鹅的蛋。这三人中的一位名叫阿普斯利·谢里-加勒德（Apsley Cherry-Garrard），他后来将这段经历写成了书，书名就叫《世界最险恶之旅》（*The Worst Journey in the World*）。

两条通向南极点的路

　　斯科特想走沙克尔顿的路线前往南极点，途中要经过比尔德莫尔冰川。而阿蒙森的路线需要翻越阿克塞尔·海伯格冰川，路程虽然短得多，但这一路线以前从未有人走过，因此风险更大。

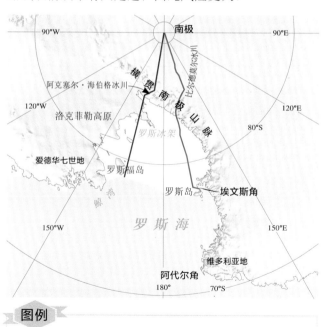

图例
→ 阿蒙森，1911—1912年
→ 斯科特，1911—1912年

首达南极点

1911年9月8日，阿蒙森的探险队出发前往南极点，但由于极寒天气，很快折返。10月19日，他们再次出发了，这一次行进得非常顺利。斯科特探险队于11月1日出发，然而他们不擅长滑雪，也缺乏驱使狗拉雪橇的经验，他们的矮种马在雪地里行走困难，机动雪橇也坏掉了，这些都让他们举步维艰。阿蒙森探险队滑雪前进，一天就能前进24—32千米，而斯科特探险队一天勉强能走19千米。阿蒙森带领着挪威探险队在寒冷的暴风雪中奋战，领先越来越多了。12月14日，他们抵达了南极点。

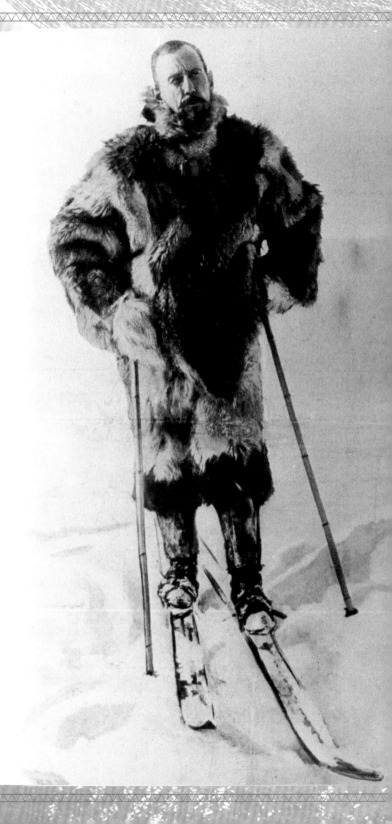

阿蒙森跟因纽特人生活在一起的那段时间，了解了在身上穿好几层驯鹿毛皮的好处。留存在这几层毛皮之间的空气可以起到保暖防寒的作用。

到底要不要滑雪

用雪橇滑雪前行，速度要比穿着鞋步行快得多，而且雪橇能分散身体重量，能够穿越薄冰。阿蒙森和他的队员都是挪威人，从小就会滑雪。相比之下，斯科特和队员们都是刚学会滑雪，滑雪装备也是非常落后的款式。

贝尔的话

从一开始，阿蒙森能够依靠的就只有他的队员和那群哈士奇犬。而斯科特还有机动雪橇和矮种马，只是这两种工具并不好用。

迅速爬升

两支队伍都面临着一个相同的挑战：穿过一大片冰川地带，攀登横贯南极山脉。11月17日，阿蒙森的队伍抵达阿克塞尔·海伯格冰川脚下，虽说还拉着900千克的供给，但他们只花了四天的时间便带着狗登上了山顶，行走路程71千米，海拔上升3000米。

阿蒙森探险队

阿蒙森带了大约50条狗，但其中有些被杀掉用于喂养其他狗了。

5个挪威人一起出发，全部抵达南极点。

斯科特探险队

斯科特带了33条狗，但在比尔德莫尔冰川脚下，这些狗全部被送回大本营了。

10匹矮种马：在抵达冰川之前，它们就全部被杀掉了。

2辆机动雪橇随队出发，但很快都坏掉了。

征服了南极点

12月14日，在仔细查看了指南针确定方向，并且又核算了行进里程之后，阿蒙森探险队意识到，他们终于到达了南极点！他们拿出了一面挪威国旗插在了雪地里并拍下了照片。他们赢了！他们不知道的是，斯科特已比他们落后了580千米。

奋力攀登比尔德莫尔冰川

斯科特和队员们决定将雪橇拖上高达3000米的比尔德莫尔冰川。由于每个人都要负重91千克，而且这里的雪非常松软，所以他们常常会陷入没膝的雪中。他们足足花了三个多星期的时间才爬上冰川。

16个英国人一起出发，8个翻越了冰川，5个到达了南极点。

胜利与悲剧

斯科特原计划只带三个人跟他去南极点，但后来他改变了主意，决定带四个人走。这四个人分别是亨利·鲍尔斯（Henry Bowers）、埃德加·埃文斯（Edgar Evans）、劳伦斯·奥茨（Lawrence Oates）和爱德华·威尔逊（Edward Wilson）。这一决定被证明是错误的——他们的帐篷太小了，不够五个人睡，而且他们需要更多的食物，做饭的时间也增加了。但他们还是用一架雪橇载着所有的装备，勉强上路了。1月16日，他们看到了阿蒙森探险队留下的标记。又过了一天，斯科特和队员们抵达了南极点，却见到了那面挪威国旗。他们只得垂头丧气地踏上了归程，但天气条件越来越恶劣，五个人全都不幸遇难了。

照片中斯科特和队员们脸上的表情将他们的郁闷心情表露无遗——他们好不容易到达了南极点，却发现挪威对手已经捷足先登了。

阿蒙森

阿蒙森探险队的出发时间比英国人早了将近两个星期。斯科特的探险队上路时，阿蒙森已经领先了160千米了。

在返回的路上，阿蒙森和队员们享受到了好天气，行进十分顺利。1912年1月29日，他们带着十一条狗和两架雪橇回到了"前进之家"，而且每个人都身体健康、精神良好。几天之后，他们起航返回了新西兰。

斯科特

斯科特的团队抵达南极点时，阿蒙森已返回罗斯冰架了。在返回的路上，斯科特意识到他们陷入了十分危险的境地。

就在斯科特返回的时候，他的另外六名队员被困在了罗斯岛以北480千米的阿代尔角。在一个冰洞中苦苦熬过了一个可怕的寒冬之后，这六个人终于返回了营地，只可惜很多装备被他们丢弃在路上了。

✕ 贝尔的话

南极点那里的平均温度是-49℃。但如果风寒的话，气温还会低得多。在返程途中，斯科特一行人就是遇到了极寒天气和暴风雪。

图例

→ 阿蒙森，1911—1912年
→ 斯科特，1911—1912年

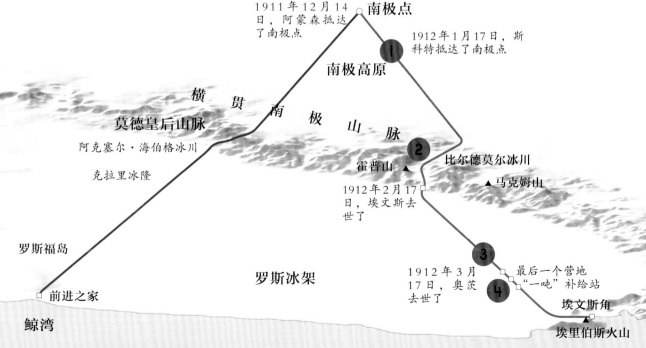

1911年12月14日，阿蒙森抵达了南极点

南极点

1912年1月17日，斯科特抵达了南极点

南极高原

横贯南极山脉

莫德皇后山脉

阿克塞尔·海伯格冰川

克拉里冰隆

霍普山 ▲

比尔德莫尔冰川

▲ 马克姆山

1912年2月17日，埃文斯去世了

罗斯福岛

罗斯冰架

1912年3月17日，奥茨去世了

最后一个营地
"一吨"补给站

埃文斯角

前进之家

鲸湾

埃里伯斯火山

罗斯海

1

高尚，但却很辛苦

斯科特坚信，由人拉雪橇到南极点去，比用狗要高尚得多。但拖着沉重的物资前行，消耗了队员们的力量。

2

负重前行

在返回的路上，斯科特和队员们花了一整天的时间去搜集比尔德莫尔冰川上的岩石标本。这些石头又给雪橇增加了14千克的重量，拖慢了他们的速度。

③

奥茨离开了

3 月中旬，奥茨忍受着冻伤带来的疼痛和食物缺乏引起的疾病。奥茨深知自己拖累了大家，3 月 17 日早上，他走出帐篷，走进了茫茫暴风雪之中，从此再也没有人见过他。

④

最后一句话

斯科特的最后一篇日记写于 1912 年 3 月 29 日。斯科特、鲍尔斯和威尔逊都死于饥寒交迫，死时距离下一个食物补给站（"一吨"补给站）只有 18 千米。11 月 12 日，一支救援队寻找到了他们的遗体。

神秘的南极

　　阿蒙森的成就令全世界欢欣鼓舞。斯科特虽说失败了，但到了他的纪念日时，人们仍会以英雄称号向他致敬，同时批评他的错误决定。到了南极探险"英雄时代"刚刚结束的1917年，南极洲被勘查并绘制过地图的地区还不足5%。不过，自第二次世界大战以来，航空摄影和人造卫星被大规模应用，还有安·班克罗芙特（Ann Bancroft）、伯尔格·奥斯兰（Borge Ousland）和菲利普·劳（Phillip Law）等探险家的开拓性探索，都大大丰富了人们对南极地区的了解。20世纪50年代末，国际社会采取措施保护南极大陆，使它免受领土要求和经济开发的影响，将它保留用作和平目的。现在，访问南极地区的不仅有科学家，还有日益增多的游客。

　　南极现在建有美国的阿蒙森－斯科特观测站。极点的位置上设置了一个标志，这个标志必须每年重新校准位置，以补偿因冰盖移动而产生的误差。此处冰盖每天移动的距离约为2.5厘米。

贝尔的话

　　南极洲没有任何政府。各国对南极洲的领土要求，被国际条约冻结了。

南极洲探险里程碑			
1928年	**1946—1947年**	**1957—1958年**	**1991年**
澳大利亚的休伯特·威尔金斯（Hubert Wilkins）爵士首次驾驶飞机飞越了南极洲。	由美国海军策划的"跳高行动"是有史以来规模最大的南极探险活动，拍摄了70000多张航摄相片。	世界主要国家参加了国际地球物理年的活动，合作开展研究项目，从中形成了1959年的《南极条约》。条约禁止在南极地区进行军事活动，保留这块大陆仅用于科学研究。	《关于环境保护的南极条约议定书》规定，在未来的五十年中，禁止在南极地区采矿或进行矿物勘探，并对开发南极旅游设置了十分严苛的环保限制。

后继英雄

南极探险的"英雄时代"一直持续到第一次世界大战爆发才终结。在以后的探险行动中，最引人注目的是由道格拉斯·莫森（Douglas Mawson）带领的澳大利亚南极探险队（1911—1914年）。这次行动给广阔的沿岸地区绘制了地图。在一次外出探险时，莫森两名队友中的一位和他们的大部分狗以及物资一起掉进了冰川裂隙里。之后不久，他的另外一名队友也不幸遇难了。因此，他不得不一个人跋涉160千米返回营地。

1913年，在观测山上竖起了一个大大的十字架，这里距离斯科特及其队友遇难的地方不远。十字架上刻了他们的名字和一句话："奋斗、寻找、发现，永不屈服。"这样的探索精神至今仍存在于许多科学工作者和探险家的身上，这些人仍在探索着这片神奇而遥远的大陆。

20世纪50年代，南极旅游开始兴起，在过去的三十年中，游客数量迅速增长。对很多人而言，探访南极洲只是一次旅行罢了，但不断增多的游客确实对南极洲原本就很脆弱的生态环境构成了重大威胁。

阿蒙森的最后一趟探险

阿蒙森一直在对极地区域进行科考。但是1928年，他的飞机在北极附近坠毁了，他也因此失踪。

参考知识：
探险家们如何导航？

导航是指通过运用天文学和数学知识，有时还要在专业工具的辅助下，计算出自己现在的位置以及目的地方向的技术。在早期的探险中，航海家和其他旅行者都是依靠太阳、月亮或星星的位置来引导他们，尤其是当他们看不见大陆，也找不到其他固定物作为参考的时候。后来，一些更准确的导航工具被发明出来，比如指南针。通过指南针确定行走的方向，将这个方向与地图方向进行比对，旅行家便可确定前进的方向。而望远镜则可以帮助探险家和旅行者从很远的地方看见陆标。

然而，为了能更准确地定位，探险家们还要确定他们所在位置的经纬度。纬度可以显示你所在的地方有多靠南或多靠北，以赤道为基准。而经度则表示你在格林尼治子午线的东边还是西边。格林尼治子午线又名本初子午线，是指通过英国伦敦格林尼治皇家天文台的经线。经线、纬线都是以"度"为单位的，利用它们可以精确定位地球上的任意位置。

为了确定自己所在位置的纬度，探险家们会在正午时分测量太阳的高度角，然后查阅航海用表，航海用表上记录了在一年中的不

同时间，不同纬度的太阳位置。用于测量太阳高度的工具及相关仪器包括星盘及象限仪。然而，使用这些工具进行精准测量十分困难，尤其是在天气恶劣的情况下。

为了计算出所在位置的经度，探险家们则需要更为精确的测量数据，因此需要更加精密的仪器。使用最为广泛的便是六分仪了，它出现于18世纪，由两面镜子、一个小望远镜和一个能够滑动的测量尺组成。使用者通过小望远镜去观察地平线并转动镜子，将太阳、月亮或特定恒星的像移动到地平线上，这些星体与地平线之间的角度便可以从测量尺上读取出来。利用这一角度和此时的精确时间，便可在航海用表中查到经纬度了。

现在，GPS导航系统能够利用卫星来精确定位使用者的位置，因此它渐渐取代了六分仪。但许多现代航海家仍会携带六分仪出海，这是因为六分仪无须依赖电力或卫星技术，是可靠的备用工具。

历史大事记

1776年	美国宣布独立
1788年	澳大利亚出现了第一块英国殖民地
1789年	法国大革命
1795年	英国夺取南非开普殖民地
1804—1806年	刘易斯和克拉克探险
1815年	拿破仑在滑铁卢被击败
1825年	英国铺设了第一条载客铁路
1833年	英国废除了奴隶制
1838年	电报第一次商用
1841年	利文斯通抵达非洲
1848年	美国吞并加利福尼亚州和新墨西哥州
1849年	加利福尼亚州淘金热开始
1853年	克里米亚战争爆发
1854年	荷兰裔布尔人在非洲南部建立了奥兰治自由邦
1856年	利文斯通回到了英国
1858年	利文斯通开始了赞比西河的探险,而斯皮克则抵达了维多利亚湖
1860年	伯克和威尔斯探险开始
1861年	美国内战爆发;伯尔克和威尔斯去世
1864年	利文斯通返回英国
1865年	美国内战结束,奴隶制被废除
1866年	利文斯通返回非洲去寻找尼罗河的源头
1869年	美国的第一条洲际铁路完工;苏伊士运河开通
1870年	普法战争开始
1871年	斯坦利去非洲寻找利文斯通
1873年	利文斯通死在了非洲
1876年	贝尔发明了电话
1877年	斯坦利完成了横跨非洲的探险
1879年	爱迪生发明了电灯
1886年	斯坦利踏上了营救埃明帕夏的征程
1889年	第一家汽车制造商在法国成立
1896年	马可尼在伦敦获得首个无线电专利
1899—1902年	布尔战争爆发,参战双方是英国人和荷兰裔布尔人
1901年	澳大利亚联邦成立
1902—1903年	斯科特完成第一次南极洲陆上探险
1903年	莱特兄弟进行了第一次动力飞行
1906年	旧金山地震

地图学是绘制地图或航海图的学科,它随着导航仪器的发展而不断进步。探险家们绘制的地图——譬如刘易斯和克拉克绘制的地图——为后来的旅行者们在辽阔荒野或茫茫大海上找到正确道路做出了重要的贡献。

图片来源

桂图登字：20-2016-331

图书在版编目（CIP）数据

去远征 /（英）贝尔·格里尔斯著；杨朝旭译 . — 南宁：接力出版社，2019.7
（贝尔探险智慧书）
ISBN 978-7-5448-6059-8

Ⅰ.①去…　Ⅱ.①贝…②杨…　Ⅲ.①探险—世界—少儿读物　Ⅳ.① N81-49

中国版本图书馆 CIP 数据核字（2019）第 060850 号

责任编辑：杜建刚　朱丽丽　　美术编辑：林奕薇　　封面设计：林奕薇
责任校对：高　雅　责任监印：刘　冬　版权联络：王燕超
社长：黄　俭　总编辑：白　冰
出版发行：接力出版社　　社址：广西南宁市园湖南路9号　　邮编：530022
电话：010-65546561（发行部）　　传真：010-65545210（发行部）
http ://www.jielibj.com　E-mail : jieli@jielibook.com
经销：新华书店　　印制：北京华联印刷有限公司
开本：889毫米 ×1194毫米　1/20　印张：5.8　字数：50千字
版次：2019年7月第1版　印次：2019年7月第1次印刷
印数：0 001—8 000 册　　定价：58.00 元

本书中的所有图片均由原出版公司提供
审图号：GS（2019）1781 号

版权所有　侵权必究

质量服务承诺：如发现缺页、错页、倒装等印装质量问题，可直接向本社调换。

服务电话：010 - 65545440